剪映

即梦AI
绘画与视频制作
从新手到高手

向　秋◎编著

北京大学出版社
PEKING UNIVERSITY PRESS

内 容 提 要

　　本书从 AI 绘画与 AI 视频制作的基础知识出发，逐步深入高级技巧和实战案例，旨在帮助读者快速掌握即梦 AI 工具的使用，打造专业级艺术作品。

　　首先，本书揭开了 AI 绘画与 AI 视频技术的神秘面纱，解释了它们的技术原理和特点，并强调了 AI 艺术创作的意义；详细介绍了即梦 AI 工具的历史、发展、优势和核心功能，以及其在不同领域的适用场景，如自媒体、广告、艺术等。其次，本书提供了即梦平台的登录方法、页面功能介绍及创作流程的详细指导；同时介绍了如何使用 AI 提示词写作工具。本书不仅涵盖了以文生图和以图生图技术，还教授了如何优化 AI 图片的效果；同时，提供了智能画布的二次创作技巧和混合操作技巧，以及剪映手机版 AI 绘画的实用技巧。再次，本书详细介绍了文生视频和图生视频的操作流程，以及如何提升 AI 视频的生成效果；此外，还探讨了 AI 视频提示词的编写技巧和打造影视级视频画面的方法。最后，本书通过丰富的图片和视频制作案例，展示了如何应用 AI 技术创作出各种风格和主题的作品，使读者能够将所学知识应用于实际项目中。

　　本书是一本适合所有对 AI 艺术创作感兴趣的读者的宝典。无论你是艺术爱好者、设计师、视频编辑师，还是对 AI 技术充满好奇的初学者，本书都能为你提供丰富的知识、实用的技巧和无限的灵感，帮助你轻松创作出令人惊叹的数字艺术作品。

图书在版编目（CIP）数据

剪映：即梦 AI 绘画与视频制作从新手到高手 / 向秋编著 . -- 北京 ：北京大学出版社 ，2025. 3. -- ISBN 978-7-301-35819-1

　　Ⅰ . TP317.53

中国国家版本馆 CIP 数据核字第 2024MY5289 号

书　　　名	剪映：即梦 AI　绘画与视频制作从新手到高手
	JIANYING: JIMENG AI　HUIHUA YU SHIPIN ZHIZUO CONG XINSHOU DAO GAOSHOU
著作责任者	向秋　编著
责 任 编 辑	刘　云　姜宝雪
标 准 书 号	ISBN 978-7-301-35819-1
出 版 发 行	北京大学出版社
地　　　址	北京市海淀区成府路 205 号　100871
网　　　址	http://www. pup. cn　新浪微博：@ 北京大学出版社
电 子 邮 箱	编辑部 pup7@pup.cn　总编室 zpup@pup.cn
电　　　话	邮购部 010-62752015　发行部 010-62750672　编辑部 010-62570390
印 刷 者	北京宏伟双华印刷有限公司
经 销 者	新华书店
	787 毫米 ×1092 毫米　16 开本　14 印张　382 千字
	2025 年 3 月第 1 版　2025 年 3 月第 2 次印刷
印　　　数	3001-6000 册
定　　　价	89.00 元

前　言

写作驱动

随着 AI 技术的飞速发展，AI 绘画与 AI 视频已成为创意产业的新宠。在这个数字化时代，AI 不仅改变了我们获取信息的方式，而且在艺术创作和媒体制作领域掀起了一场革命。随着深度学习技术的进步，AI 能够创作出令人惊叹的艺术作品，这不仅激发了艺术家的创作灵感，也为设计、广告等行业带来了新的机遇。

同时，AI 短视频市场也呈现爆炸性增长，用户规模和市场规模不断扩大，内容形式日益多样化，AI 技术的应用使视频制作更加高效和个性化。然而，对于许多人来说，制作高质量的视频内容仍然是一个挑战，从技术要求到创意构思，从时间投入到人力成本等都可能成为制作视频的障碍。

在这样的背景下，即梦 AI 绘画与 AI 视频制作工具应运而生，旨在帮助用户快速、轻松地制作高质量的图像与视频内容。即梦不仅为用户提供了一个简单且易用的平台，而且通过其先进的 AI 技术，为创作者们打开了无限的想象空间。用户仅需输入相关的提示词，即可生成具有各种风格和场景的作品。

本书的写作初衷正是帮助广大创意爱好者和专业人士快速掌握即梦 AI 绘画与 AI 视频制作的技能，从而抓住这一新兴市场的趋势。

本书特色

❶ **38 个专家提醒**：作者在编写本书时，将平时工作中总结的即梦的实战技巧和经验等毫无保留地奉献给读者，这大大丰富和提高了本书的含金量。

❷ **105 组 AI 提示词**：为了方便读者快速生成相关的 AI 绘画与 AI 视频作品，作者将本书实例中用到的提示词进行了整理，统一提供给读者。

❸ **132 个实用干货**：本书从即梦的核心功能、技术原理、以文生图、以图生图、智能画布、文生视频、图生视频等多个方面进行了详细解说。

❹ **140 个素材效果**：随书附送的资源中包含 140 个素材效果文件，涉及风光、人像、动物、植物、动画、建筑、产品、漫画以及插画等多个行业。

❺ **145 分钟视频演示**：针对本书中的知识点与案例讲解，录制了相关的视频，重现书中的精华内容，读者可以结合本书观看视频。

❻ **520 多张图片全程图解**：本书采用了大量的插图和实例，图文并茂、生动有趣，可以让读者更加直观地了解即梦，激发读者对即梦的兴趣和热情。

特别提醒

❶ **版本更新**：作者在编写本书时，是基于当前的 AI 工具和平台的网页界面截取的图片，由于本书从编辑到出版需要一段时间，在此期间，这些工具可能会有变动。因此，请读者在阅读时，根据本书中的思路举一反三，进行学习。

❷ **提示词的使用**：提示词也称关键词，需要注意的是，即使是相同的提示词，AI 工具每次生成的

图像和视频也会有差别。这是因为模型是基于算法与算力得出的新结果，所以读者会看到本书中的截图与视频有所区别。同样地，读者用相同的提示词自己在制作时，出来的效果也会有差异。因此，在扫码观看本书配套视频时，读者应把更多的精力放在提示词的编写和实际操作步骤上。

素材获取

读者可以用微信扫一扫下面的二维码，关注官方微信公众号，输入本书 77 页的资源下载码，根据提示获取随书附赠的超值资料包。

扫码关注微信公众号

无论你是对 AI 绘画与 AI 视频制作充满好奇的初学者，还是希望提升自身技能的专业人士，本书都将是你理想的学习伙伴。感谢你选择这本书，让我们一起开启这段充满想象和创造的旅程！

作者售后

本书由向秋编著，参与编写的人员还有胡杨等人，在此表示感谢。由于作者知识水平有限，书中难免有疏漏之处，恳请广大读者批评、指正，沟通和交流请联系微信：2633228153。

目 录

第 1 章　通识：
快速了解 AI 绘画与 AI 视频

AI（Artificial Intelligence，人工智能）绘画已经成为数字
艺术的一种重要形式，其通过机器学习、计算机视觉和深度学
习等技术，既可以帮助用户快速生成各种艺术作品，也可以为
人工智能领域的发展提供很好的应用场景。另外，视频生成模
型正逐渐从概念走向现实，其中即梦视频生成模型凭借其强大
的技术实力，正引领着这一变革的浪潮。本章主要介绍 AI 绘
画与 AI 视频的基础知识，让大家对 AI 绘画与 AI 视频有一个基
本了解，为后面的学习奠定良好的基础。

1.1 了解AI绘画与AI视频

AI 绘画与 AI 视频是数字化艺术的新形式，为艺术创作提供了新的可能性。什么是 AI 绘画与 AI 视频呢？它们有哪些技术原理与特点呢？本节将从这些问题出发介绍 AI 绘画与 AI 视频，让大家对 AI 绘画与 AI 视频"知其然"。

1.1.1 AI 绘画概述

AI 绘画是指人工智能绘画，是一种新型的绘画方式。AI 通过学习人类艺术家创作的作品，并对其进行分类与识别，可以生成新的图像。只需要输入简单的指令，就可以让 AI 自动生成各种类型的图像，从而创造出具有艺术美感的绘画作品，如图 1-1 所示。

图 1-1　AI 绘画效果

AI 绘画主要分为两步：第一步是对图像进行分析与判断；第二步是对图像进行处理和还原。只需输入简单易懂的文字，AI 就可以在短时间内生成一张效果不错的图片，甚至能根据使用者的要求对图片进行调整，如图 1-2 所示。

图 1-2　图片调整前后的对比效果

1.1.2　AI 视频概述

在数字时代的浪潮中，视频内容已成为信息传播和娱乐产业的核心驱动力。AI 视频指的是利用 AI 技术生成相应的视频内容，包括动画、模拟场景等。这种技术基于深度学习模型，如生成对抗网络、3D 建模和渲染等，用户只需输入相应的提示词，即可生成符合要求的 AI 视频作品，如图 1-3 所示。

图 1-3　AI 视频效果

1.1.3　AI 绘画的技术原理

本小节深入探讨 AI 绘画的技术原理，帮助大家进一步了解 AI 绘画，以便更好地理解 AI 绘画是如何实现绘画创作，以及如何通过不断地学习和优化来提高绘画质量的。

1．生成对抗网络技术

AI 绘画的技术原理主要是生成对抗网络（Generative Adversarial Networks，GANs），它是一种无监督学习模型，可以模拟人类艺术家的创作过程，生成高度逼真的图像。

GANs 是一种通过训练两个神经网络来生成逼真图像的算法。其中，一个生成器（Generator）网络用于生成图像；另一个判别器（Discriminator）网络用于判断图像的真伪，并反馈给生成器网络。

GANs 的目标是通过训练两个模型的对抗学习，生成与真实数据相似的数据样本，从而逐渐生成越来越逼真的艺术作品。GANs 模型的训练过程可以简单地描述为以下几个步骤，如图 1-4 所示。

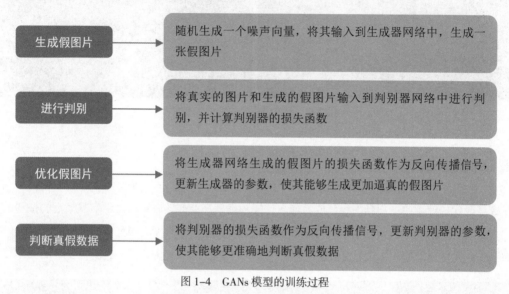

图 1-4　GANs 模型的训练过程

GANs 模型的优点在于能够生成与真实数据非常相似的假数据，同时具有较高的灵活性和可扩展性。GANs 是深度学习中的重要研究方向之一，目前已经成功应用于图像生成、图像修复、图像超分辨率、图像风格转换等领域。

2．卷积神经网络技术

卷积神经网络（Convolutional Neural Networks，CNN）可以对图像进行分类、识别和分割等操作，同时也是实现风格转换和自适应着色的重要技术之一。CNN 在 AI 绘画中起着重要的作用，主要表现在以下几个方面。

（1）图像分类和识别：CNN 可以对图像进行分类和识别，通过对图像进行卷积（Convolution）和池化（Pooling）等操作，提取图像的特征，最终进行分类或识别。在 AI 绘画中，CNN 可用于对绘画风格进行分类，或对图像中的不同部分进行识别和分割，从而实现自动着色或图像增强等操作。

（2）图像风格转换：CNN 可通过将两个图像的特征进行匹配，实现将一张图像的风格应用到另一张图像上的操作。在 AI 绘画中，可以通过 CNN 生成具有特定艺术风格的图像。图 1-5 所示为哑光绘画风格作品，关键词为"史诗哑光绘画，微距离拍摄，在花丛中，金叶，红花，晴天，春天，高清图片，哑光绘画"。

（3）图像生成和重构：CNN 既可用于生成新的图像，也可对图像进行重构。在 AI 绘画中，通过 CNN 既可以对黑白图像进行自动着色，也可以对图像进行重构和增强，从而提高图像的质量和清晰度。

图 1-5　哑光绘画风格作品

（4）图像降噪和杂物去除：在 AI 绘画中，通过 CNN 可以去除图像中的噪点和杂物，从而提高图像的质量和视觉效果。

总之，CNN 作为深度学习中的核心技术之一，在 AI 绘画中具有广泛的应用场景，为 AI 绘画的发展提供了强大的技术支持。

3．转移学习技术

转移学习又称为迁移学习（Transfer Learning），是一种将已经训练好的模型应用于新的领域或任务中的方法，可以提高模型的泛化能力和效率。

转移学习通常可以分为以下三种类型，如图 1-6 所示。

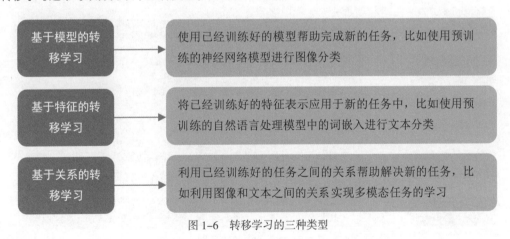

图 1-6　转移学习的三种类型

转移学习技术在许多领域中都有广泛的应用，比如计算机视觉、自然语言处理和推荐系统等。

4．图像分割技术

图像分割是将图像划分为多个不同区域的过程，每个区域具有相似的像素值或者语义信息。图像分割在计算机视觉领域有广泛的应用，比如目标检测、自动着色、图像语义分割、医学影像分析、图像重构等。图像分割的方法可以分为以下四类，如图 1-7 所示。

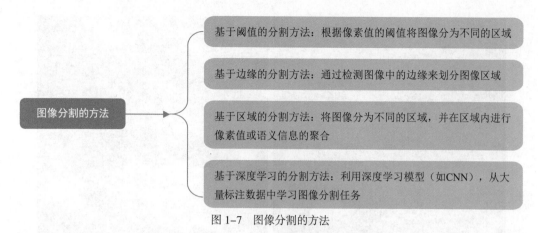

图 1-7　图像分割的方法

　　在实际应用中，基于深度学习的分割方法往往表现出较好的效果，尤其是在语义分割等高级任务中。同时，对于特定领域的图像分割任务，如医学影像分割，需要结合领域知识和专业的算法来实现更好的效果。

5．图像增强技术

　　图像增强是指对图像进行增强操作，使其更加清晰、明亮，色彩更鲜艳或更加易于分析。图像增强技术可以改善图像的质量，提高图像的可视性。图 1-8 所示为常见的图像增强方法。

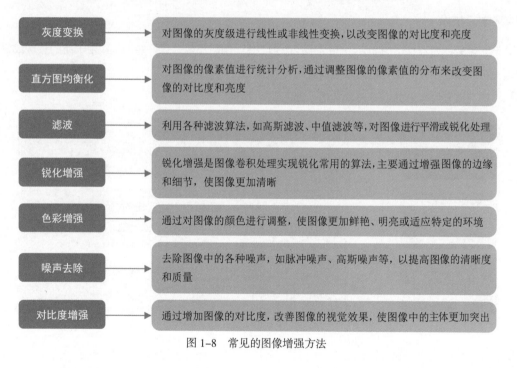

图 1-8　常见的图像增强方法

1.1.4　AI 视频的技术原理

　　AI 视频的生成利用了各种先进技术，通过理解和模拟视频内容的各种特征和场景，如物体、动作、场景等，实现自动化的视频创作过程。下面主要介绍 AI 视频的相关技术原理，让大家对 AI 视频的技术应用有所了解。

1．自然语言理解

AI 视频生成模型具有对复杂文本输入的理解能力。通过先进的自然语言理解算法，AI 视频生成模型能够深入理解复杂的文本内容，并将其转化为指导视频生成的关键信息和描述，从而生成高质量的视频内容。自然语言理解的相关分析如图 1-9 所示。

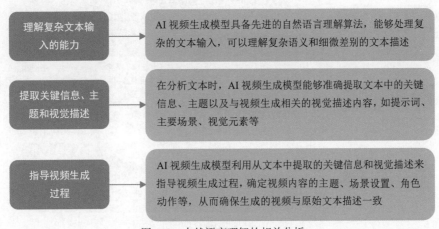

图 1-9　自然语言理解的相关分析

2．场景合成和渲染

AI 视频模型通过理解文本输入，并利用 AI 驱动的场景合成算法，将文本描述转化为连贯的视频内容。这一过程涉及文本理解、场景合成、布局视觉元素、排序动作和渲染场景等多个环节，最终生成符合用户预期的高质量视频，如图 1-10 所示。

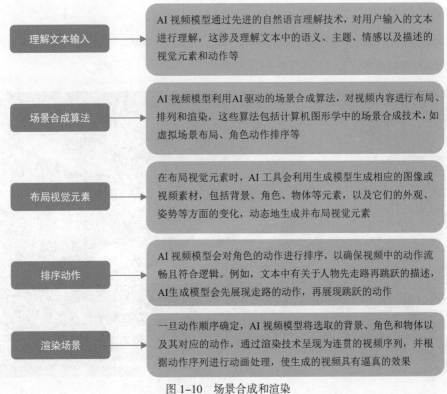

图 1-10　场景合成和渲染

3．AI驱动的动画技术

AI 视频模型能够利用 AI 驱动的动画技术，生成自然、生动的动态元素和角色动作，从而为生成的视频增添活力和真实感。AI 驱动的动画技术的相关分析如图 1-11 所示。

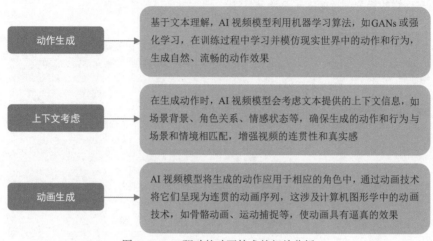

图 1-11　AI 驱动的动画技术的相关分析

1.1.5　AI 绘画的技术特点

AI 绘画具有快速、高效、自动化等特点，能够利用 AI 技术和算法对图像进行处理和创作，实现艺术风格的融合和变换，提升用户的绘画创作体验。AI 绘画的技术特点包括以下几个方面。

1．高度逼真

AI 绘画利用 GANs、变分自编码器（Variational Auto Encoder，VAE）等技术生成高度逼真的图像，可实现从零开始创作新的艺术作品，效果如图 1-12 所示。

图 1-12　利用 GANs 和 VAE 技术生成的图像

2．风格转换

AI 绘画利用 CNN 等技术可将一张图片的风格转换成另一张图片的风格，从而实现多种艺术风格的融合和变换。图 1-13 所示为 AI 绘画创作的不同风格的小白兔，图（a）为摄影风格，图（b）为油画风格。

（a）摄影风格 （b）油画风格

图 1-13 AI 绘画创作的不同风格的小白兔

3．自适应着色

AI 绘画利用图像分割、颜色填充等技术，让计算机自动为线稿或黑白图像添加颜色和纹理，从而实现图像的自动着色，效果如图 1-14 所示。

图 1-14 为图像着色

4．图像增强

AI 绘画利用超分辨率（Super-Resolution）、去噪（Noise Reduction Technology）等技术，可以大幅提高图像的清晰度和质量，使作品更加逼真、精细。

> 超分辨率技术是通过硬件或软件的方法提高原有图像的分辨率，通过一系列低分辨率的图像得到高分辨率的图像的过程就是超分辨率重建。
>
> 去噪技术是通信工程术语，是一种从信号中去除噪声的技术。图像去噪就是去除图像中的噪声，从而恢复真实的图像效果。

5．监督学习和无监督学习

AI 绘画利用监督学习（Supervised Learning）和无监督学习（Unsupervised Learning）等技术，对作品进行分类、识别、重构、优化等处理，从而实现对作品的深度理解和控制。监督学习也称为监督训练或有教师学习，是指利用一组已知类别的样本调整分类器的参数，使其达到所要求性能的过程；无监督学习是指根据类别未知（没有被标记）的训练样本解决模式识别中的各种问题。

1.1.6　AI 绘画与 AI 视频的意义

AI 绘画与 AI 视频的意义在于其不仅改变了艺术创作的方式，而且还让更多人能够享受到艺术的美好。与传统的绘画创作不同，AI 绘画与 AI 视频的创作过程和结果依赖于计算机技术和算法，可以为人们带来全新的艺术体验。

传统的图片与视频创作需要投入大量的时间和精力，而 AI 绘画与 AI 视频则可以迅速地生成大量的图片与视频作品，并且这些作品有可能超越传统的艺术形式，创造出全新的视觉效果和审美体验。另外，AI 绘画也能够推动传统艺术的发展。例如，AI 绘画可以在古代艺术品修复和重建中发挥作用，通过深度学习等技术还原艺术品，使人们能够更好地了解历史文化，保护文化遗产。

此外，AI 绘画与 AI 视频创作还可以为文学作品和电影等艺术形式提供插画和动画制作，使它们更加生动和有趣。图 1-15 所示为使用 AI 模型创作的风光短视频画面效果。

图 1-15　使用 AI 模型创作的风光短视频画面效果

1.2 了解即梦AI工具

即梦是由字节跳动公司推出的 AI 创作平台，它是什么？可以用来做什么？优势与特点是什么？有哪些核心功能？接下来，在本节中将向读者详细介绍即梦的相关内容，以及它的核心功能。

1.2.1 即梦概述

即梦是由字节跳动公司推出的一款 AI 图片与视频创作工具，用户只需要提供简短的文本描述，即梦就能快速根据这些描述将创意和想法转化为图像或视频。这种方式极大地简化了创意内容的制作过程，让创作者能够将更多的精力投入创意和故事的构思中。即梦的操作界面如图 1-16 所示。

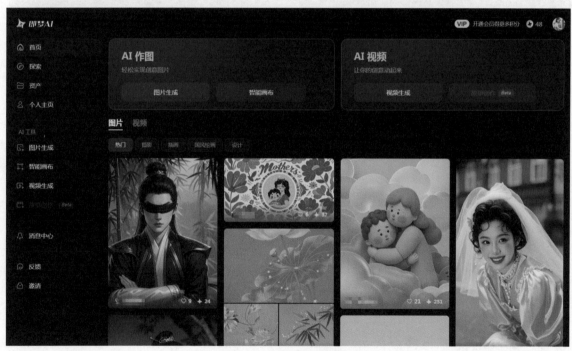

图 1-16　即梦的操作界面

即梦平台对于需要快速生成创意内容的用户来说帮助巨大，尤其是在抖音这个内容创作竞争激烈的平台上。

1.2.2 即梦的历史与发展

即梦是一个 AI 图片与 AI 视频创作平台。该平台主要利用先进的 AI 技术，帮助用户将创意和想法转化为视觉作品，包括图片和视频。2024 年 5 月 9 日，Dreamina 正式更名为中文"即梦"，这一变更标志着品牌在本地化和品牌识别度上的进一步提升。

图 1-17 所示为即梦的 AI 图片创作界面。

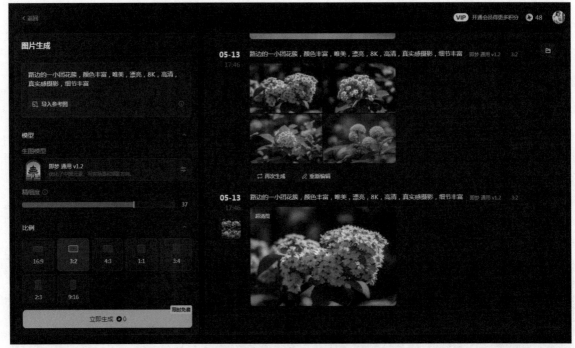

图 1-17　即梦的 AI 图片创作界面

尽管即梦的 AI 视频生成技术相较于 AI 图片兴起的时间较短，但即梦在这一领域的发展迅速。虽然即梦与一些先驱产品，如 Sora，相比可能还有差距，但其已经展现出了不俗的潜力和效果。

根据用户反馈和媒体报道，即梦在提供便捷的 AI 创作体验方面得到了一定的认可，尽管在某些细节处理上还有提升空间，如人体动作的模拟、面部表情的细腻度等，但随着技术的不断进步和应用场景的不断拓展，即梦的功能和应用场景也将不断扩展和完善，这意味着即梦的未来充满了无限可能性和潜力。

即梦背后的技术实力不容小觑，其依托于字节跳动的技术背景，拥有资深的 AI 技术团队，致力于将 AI 技术应用于内容创作领域，推动创意产业的发展。随着产品的迭代优化和市场推广，即梦开发团队有望在未来取得更大的成功，成为 AI 创作领域的佼佼者。

1.2.3　即梦的优势与特点

近年来，AI 技术的发展改变了人们的生活和生产方式。在 AI 绘画与 AI 视频创作领域，AI 技术也被广泛应用，促进了艺术设计的快速发展。相较于传统的绘画与视频创作，即梦 AI 创作平台具有许多独有的优势和特点，下面进行简单介绍。

❶ 简易的操作过程：即梦提供了 AI 作图和 AI 视频生成功能，用户通过简单的指令或描述，即可快速生成图片和视频，大大降低了创作门槛。图 1-18 所示为使用提示词"美丽的黄玫瑰，花朵的高清摄影，黑色背景，特写，微距构图，超逼真"生成的 AI 图片。

图 1-18　黄玫瑰 AI 图片

❷ 支持中文提示词：即梦支持使用中文提示词生成 AI 作品，这对于国内用户来说是一个显著优势，因为它能够更准确地理解和生成中文描述的内容。

❸ 多样化的创作工具：即梦不仅提供了图片和视频的生成功能，还有"智能画布"功能，允许用户对计算机中的图片或 AI 生成的图片进行二次创作，如扩图、局部重绘、消除抠图、高清放大等。图 1-19 所示为使用智能画布对图片进行局部消除的效果，消除了图片中的船只，使画面更加简洁。

图 1-19　使用智能画布对图片进行局部消除的效果

❹ 故事创作功能：即梦的"故事创作"功能允许用户生成具有连续性和故事性的视频，极大地增强了 AI 视频的创意和表现力。

❺ 高效的生成速度：即梦能够在短时间内生成视频。

❻ 动态效果处理：即梦在处理动态效果方面表现出色，尤其是在生成动作幅度不大的视频时，效果更加自然流畅。

❼ 镜头类型和视频比例设置：平台提供了多种运镜类型和视频比例，增加了创作的灵活性和多样性，如图 1-20 所示。

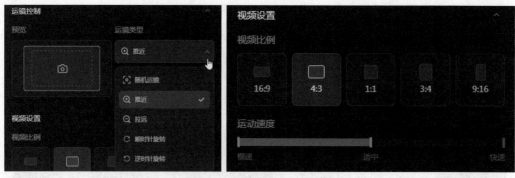

图 1-20　运镜类型和视频比例

❽ 社区互动：即梦拥有一个激发无限创作灵感的社区，用户可以在社区中互动和分享创作。

❾ 本土化和文化元素优化：即梦在推出的通用 v1.4 模型中优化了中国元素、写实场景和摄影方向，显示了对本土文化和市场需求的重视。

❿ 积分系统：即梦的"图片生成"和"视频生成"功能可以通过积分系统进行体验，用户每天可以领取 60 积分。图 1-21 所示为积分详情页面。

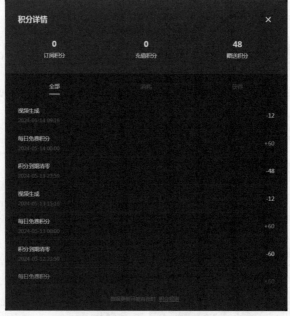

图 1-21　积分详情页面

以上的优势和特点使即梦成为一个有潜力的 AI 创作工具，尤其适合设计师、营销人员、内容创作者等需要快速生成视觉内容的专业用户。

1.2.4　即梦的核心功能

即梦的核心功能主要包括图片生成、智能画布、视频生成和故事创作。此外，即梦还提供了一些辅助功能，比如图片参数设置、做同款提示模板、图片变超清、局部重绘和画面扩图等，这些功能共同为用户提供了一个一站式的 AI 创作平台，旨在降低用户的创作门槛，激发无限创意。下面我们对即梦的 4 个核心功能进行详细讲解。

1. 图片生成

用户可以通过输入提示词来生成 AI 图片，支持导入参考图以及选择生图模型，生成符合用户需求的图片。图 1-22 所示为使用"图片生成"功能以图生图的效果。

图 1-22　使用"图片生成"功能以图生图的效果

2. 智能画布

即梦的"智能画布"功能允许用户对现有的图片进行编辑和重绘，实现二次创作。下面对智能画布的主要功能进行讲解。

❶ 扩图功能：用户可以对图片进行扩展，增加图片的尺寸而不降低质量。在扩图过程中，用户可以输入提示词，AI 会根据这些提示词来保持扩图后的风格与原图一致。如果没有输入提示词，AI 将按照原图风格进行扩图。原图与效果图对比如图 1-23 所示。

图 1-23　原图与效果图对比

❷ 局部重绘：用户可以选择图片的某个部分进行重新绘制，自行决定修改区域和风格。图 1-24 所示为对 AI 图片进行局部重绘的前后对比效果，将橘红色的天空换成了白云朵朵的天空。

图 1-24　对 AI 图片进行局部重绘的前后对比效果

❸ 高清放大：用户可以利用该功能将低分辨率的图片通过 AI 技术提升至更高的分辨率，从而获得更清晰的图像。

❹ 消除抠图：该功能可以帮助用户从图片中移除不需要的元素或背景，使得图片更加干净，便于进行进一步的编辑和使用。

3．视频生成

"视频生成"功能包括"文本生视频"和"图片生视频"两种模式，用户可以基于文本描述或上传图片来生成视频内容。图 1-25 所示为基于文本生成的视频画面效果，光影有变化。

图 1-25　基于文本生成的视频画面效果

4．故事创作

"故事创作"功能可以利用 AI 技术帮助用户生成具有连续性和故事性的视频，用户通过输入描述性文本来启动故事创作过程，包括场景、人物、动作和其他故事元素的描述。

1.3 掌握即梦的适用场景

即梦作为 AI 创作平台，具有多种功能，适用于多种不同的场景和需求。即梦的应用领域越来越广泛，包括自媒体创作、广告营销、艺术创作、产品设计和影视制作等。随着 AI 技术的不断进步，其应用场景将不断扩展和深化，在本节中，我们将进行相关讲解。

1.3.1 自媒体创作

自媒体或个人用户可以利用即梦的 AI 图片和视频生成功能，将自己的想法和创意快速转化为可视化的图像或视频，用于自媒体账号的内容创作和社交媒体分享。图 1-26 所示为一位专注于宠物行业的自媒体用户使用即梦创作的小狗短视频画面效果。

图 1-26 即梦创作的小狗短视频画面效果

1.3.2 广告营销

营销人员可以使用即梦快速生成吸引人的广告图像或视频，用于社交媒体广告或在线营销活动。图 1-27 所示为即梦生成的室内广告图片。

图 1-27 即梦生成的室内广告图片

在广告领域中，使用 AI 绘画与 AI 视频创作技术可以提高设计效率和作品质量，促进广告内容的多样化发展，增强广告的创造力和展示效果，以及提供更加智能、高效的用户交互体验。即梦可以帮助设计师和广告制作人员快速生成各种平面设计和宣传资料，如广告海报、宣传图等。

1.3.3　艺术创作

AI 绘画是数字艺术的一种重要形式，艺术家可以将即梦作为灵感来源，生成独特的艺术作品，如图 1-28 所示。AI 绘画的发展对于数字艺术的推广有重要作用，它推动了数字艺术的创新。

图 1-28　即梦生成的独特的艺术作品

1.3.4　产品设计

设计师可以使用即梦生成的图像来探索设计概念，快速迭代产品设计，或者作为与客户沟通的可视化工具，在产品设计阶段可以帮助设计师更好地进行设计和展示，并得到反馈和修改意见。图 1-29 所示为使用即梦生成的产品设计图片。

图 1-29　使用即梦生成的产品设计图片

1.3.5　影视制作

　　即梦的 AI 绘画技术在影视制作中的应用越来越广泛，可以帮助电影和动画制作人员快速生成各种场景以及进行角色设计、特效和后期制作。图 1-30 所示为使用即梦生成的环境和场景设计图，这些图可以帮助制作人员更好地规划电影和动画的场景与布局。

图 1-30　使用即梦生成的环境和场景设计图

1.3.6 旅游推广

利用即梦，用户可以轻松创建多样化的旅游内容，包括风景、文化、美食、娱乐等多个方面，满足不同游客的需求和兴趣。

图 1-31 所示为即梦生成的古镇鸟瞰图，展示了古镇的建筑风格，以及傍晚时分的景色，营造出了美丽、宁静的氛围。

图 1-31　即梦生成的古镇鸟瞰图

即梦具有高度的定制性，可以根据目的地的特点和需求，定制生成个性化的旅游推广视频，满足不同旅游品牌和地区的宣传要求。

相较于传统的旅游推广视频的拍摄和制作流程，使用即梦进行视频创作不仅大大提高了效率，而且无须实际前往目的地进行拍摄和后期制作。

第 2 章 基础：
即梦平台的基本操作

即梦平台通过将 AI 技术与创意结合，为用户提供了一个强大的工具，使用户能以较低的门槛实现个性化和专业化的创作。本章主要介绍即梦平台的基本操作，包括登录即梦平台、认识页面各功能以及掌握即梦操作流程，让大家对即梦平台的基本操作有所了解。

2.1 登录即梦平台

使用即梦生成 AI 作品之前，需要打开并登录即梦。本节主要介绍登录即梦平台的两种操作方法。

2.1.1 扫码授权登录即梦平台

在即梦的登录页面中，如果用户有抖音账号，就可以打开抖音 App，扫码授权登录即梦平台，具体操作步骤如下。

步骤 01 在计算机中打开相应浏览器，输入即梦的官方网址，打开官方网站，如图 2-1 所示。

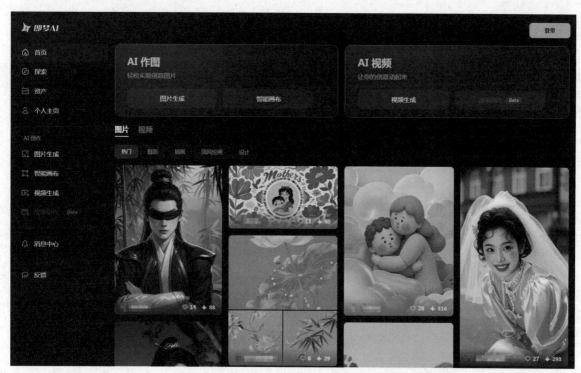

图 2-1 打开即梦官方网站

步骤 02 进入相应页面，选中协议复选框，单击"登录"按钮，如图 2-2 所示。

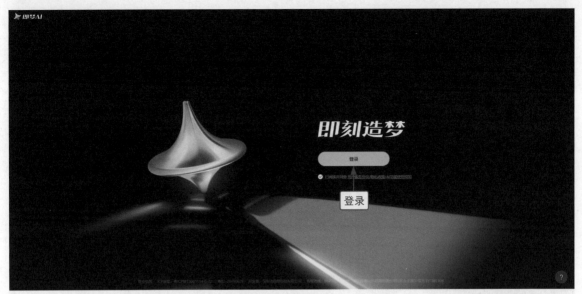

图 2-2 单击"登录"按钮

步骤 03 打开"抖音授权登录"窗口，选择"扫码授权"选项卡，打开抖音 App，扫描窗口中的二维码，如图 2-3 所示。

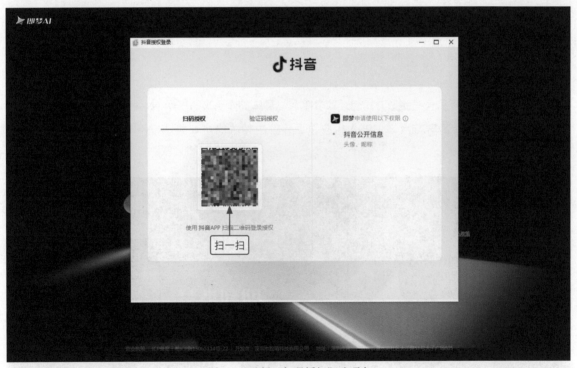

图 2-3 选择"扫码授权"选项卡

如果用户没有抖音账号，可以下载抖音 App，并通过手机号码注册、登录。打开抖音 App 界面，点击左上角的■按钮，在弹出的列表框中点击"扫一扫"按钮，即可进入扫一扫界面。

步骤 04 在抖音 App 上同意授权，即可登录即梦账号，右上角显示抖音账号的头像，表示登录成功，如图 2-4 所示。

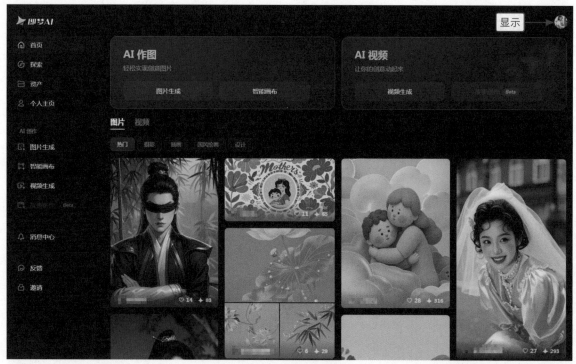

图 2-4　登录成功

2.1.2　验证码授权登录即梦平台

用户也可以使用手机号码验证方式登录即梦平台，具体操作步骤如下。

步骤 01 打开即梦官方网站，进入相应页面，选中相关的协议复选框，单击"登录"按钮，如图 2-5 所示。

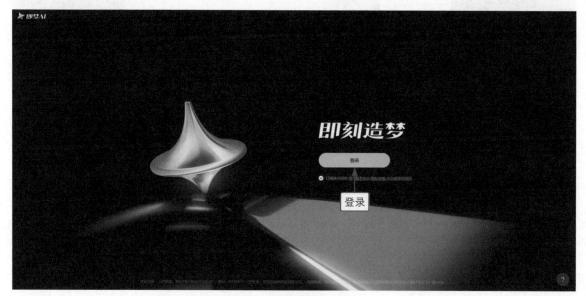

图 2-5　单击"登录"按钮

步骤 02 打开"抖音授权登录"窗口，选择"验证码授权"选项卡，如图 2-6 所示。选中"已阅读并同意用户协议与隐私政策"复选框，在上方输入手机号码与验证码，单击"抖音授权登录"按钮，即可登录即梦平台。

图 2-6　选择"验证码授权"选项卡

2.2　认识即梦页面各功能

使用即梦平台进行 AI 创作之前，需要掌握即梦页面的各功能模块，认识相应的操作页面，使 AI 创作更加高效。本节主要介绍即梦平台的 5 个常用页面，包括即梦首页、"探索"页面、"图片生成"页面、"智能画布"页面和"视频生成"页面，让大家了解页面中的相关功能，提升 AI 创作效率。

2.2.1　认识即梦首页

在即梦首页，可以看到"AI 作图""AI 视频""AI 创作"等选项区，以及社区作品欣赏区域，如图 2-7 所示。

在即梦首页中各选项区的含义如下。

❶"AI 作图"选项区：包括"图片生成"与"智能画布"两个功能，单击相应的按钮，可以生成 AI 绘画作品。

❷"AI 视频"选项区：包括"视频生成"与"故事创作"两个功能，单击相应的按钮，可以生成 AI 视频作品。

图 2-7　即梦首页

❸ "AI 创作"选项区：包括"图片生成""智能画布""视频生成""故事创作"四个功能，选择相应的功能，可以进行相应的 AI 创作。

❹ 社区作品欣赏区域：包括"图片""视频"两个选项卡，其中展示了其他用户创作和分享的 AI 作品，单击相应作品可以放大预览，如图 2-8 所示。

图 2-8　作品放大预览效果

2.2.2　认识"探索"页面

在即梦首页左侧列表中选择"探索"选项，切换至"探索"页面，其中包括"图片""视频"两个选项卡，如图 2-9 所示，用户既可以在其中分享自己的创作，也可以查看别人的作品获取灵感，并与其他创作者交流。

图 2-9　"探索"页面

在"图片"→"摄影"选项卡中显示了其他用户创作与分享的 AI 摄影作品。将鼠标指针移至相应的 AI 摄影作品上，单击"做同款"按钮，如图 2-10 所示，即可制作同款 AI 摄影作品。

图 2-10　单击"做同款"按钮

在"图片"→"插画"选项卡中显示了其他用户创作与分享的 AI 插画作品，如图 2-11 所示。用户通过研究社区中的插画作品，可以学习如何更好地使用即梦平台，了解不同提示词和参数设置对插画生成效果的影响。

图 2-11　其他用户创作与分享的 AI 插画作品

在"图片"→"国风绘画"选项卡中显示了其他用户创作与分享的 AI 国风绘画作品，如图 2-12 所示。用户可以在这里寻找创作灵感，通过观察他人的作品，获得新的创意和启发。

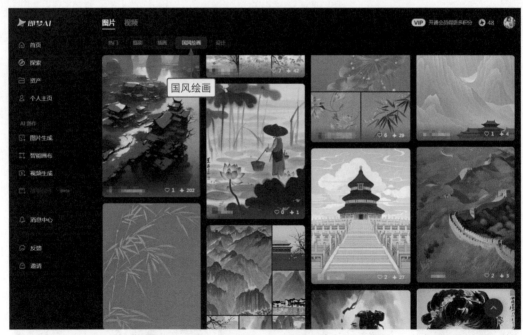

图 2-12　其他用户创作与分享的 AI 国风绘画作品

　　用户可以在"探索"页面展示使用即梦生成的 AI 作品，分享创作成果，获得社区的认可和反馈，从而提升 AI 创作水平。

在"图片"→"设计"选项卡中显示了其他用户创作与分享的 AI 设计作品，如图 2-13 所示，用户可以在其中获得设计灵感。

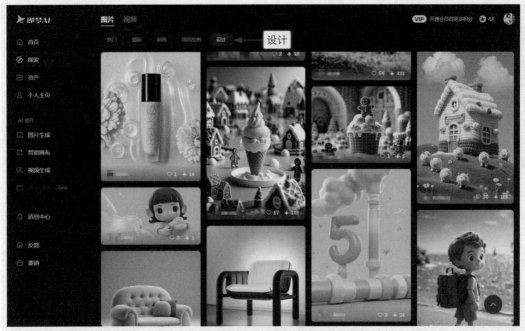

图 2-13　其他用户创作与分享的 AI 设计作品

在"视频"选项卡中显示了其他用户创作与分享的 AI 视频作品，将鼠标指针移至相应的 AI 视频作品上，单击"做同款"按钮，如图 2-14 所示，即可制作同款 AI 视频。

图 2-14　单击"做同款"按钮

2.2.3　认识"图片生成"页面

即梦的"图片生成"页面是一个用户交互界面，它允许用户通过输入描述和调整参数来生成 AI 图片。在"图片生成"页面，各主要功能如图 2-15 所示。

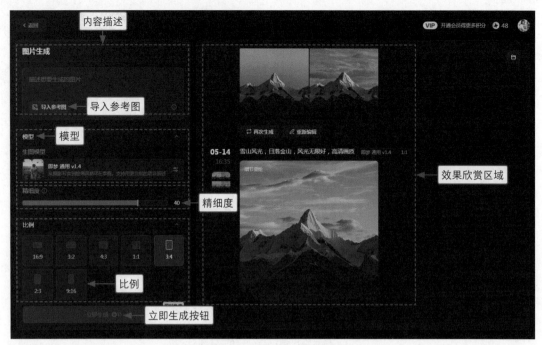

图 2-15 "图片生成"页面

在"图片生成"页面，主要功能含义如下。

❶ 内容描述：用户可以在其中输入描述性文本，告诉 AI 想要生成的图片类型，这些描述包括场景、对象、风格和颜色等信息。

❷ 导入参考图：单击"导入参考图"按钮，用户可以上传一张参考图片，帮助 AI 更好地理解用户想要生成的图片风格或内容。在上传参考图片的过程中，会弹出"参考图"对话框，用户可以在其中选择想要参考的图片内容，如主体、人物长相、边缘轮廓、景深以及人物姿势等，如图 2-16 所示；单击"生图比例 1∶1"按钮，在弹出的"图片比例"对话框中可以设置图片比例，如图 2-17 所示。

图 2-16 "参考图"对话框

图 2-17 设置图片比例

❸ 模型：在"生图模型"列表框中，用户可以选择不同的 AI 模型来生成图片，不同的模型擅长不同类型的图像生成，如摄影写实、中国元素、非写实的艺术风格、日漫和插画风格等，如图 2-18 所示。

图 2-18 "生图模型"列表框

❹ 精细度：拖曳"精细度"下方的滑块，可以调整生成图片的清晰度或细节水平。参数越低，生成的图片质量越低，生图时间越短；参数越高，生成的图片质量越高，生图时间越长。不同精细度的 AI 图片对比效果如图 2-19 所示，图（a）的"精细度"为 10，图（b）的"精细度"为 50，从图片效果来看，不管是构图还是光影，图（b）比图（a）都要漂亮、自然得多。

（a）"精细度"为 10　　　　　　　　　　（b）"精细度"为 50

图 2-19　不同精细度的 AI 图片对比效果

❺ 比例：在该选项区，允许用户根据需要生成特定尺寸的图片，以满足不同场景的应用需求。图 2-20 所示为 3 : 2 尺寸的 AI 图片，图 2-21 所示为 3 : 4 尺寸的 AI 图片。

图 2-20　3：2 尺寸的 AI 图片　　　　　　　图 2-21　3：4 尺寸的 AI 图片

❻ 立即生成：单击"立即生成"按钮，即可开始生成 AI 图片。

❼ 效果欣赏：在效果欣赏区域，可以查看即梦生成的 AI 作品。

2.2.4　认识"智能画布"页面

即梦的"智能画布"是一个多功能的 AI 图片编辑工具，允许用户对生成的 AI 图片进行进一步的编辑和创作，其页面如图 2-22 所示。

图 2-22　"智能画布"页面

在"智能画布"页面，各主要功能含义如下。

❶ 上传图片：用户可以上传 AI 生成的图片或自己提供的图片，作为编辑和二次创作的基础。

❷ 文生图：通过文本描述生成新的图片，其界面如图 2-23 所示。

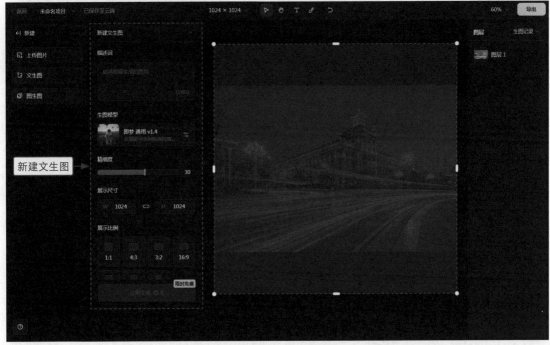

图 2-23　文生图界面

❸ 图生图：用户可以输入描述词，设置图片的参考程度，在已有的图片中生成新的图片，作为二次创作的基础，其界面如图 2-24 所示。

图 2-24　图生图界面

④ 画板调节：单击 `1024 × 1024 ∨` 右侧的下拉按钮，在弹出的"画板调节"对话框中可以设置画板的尺寸与比例，如图 2-25 所示，单击"应用"按钮，即可设置完成。

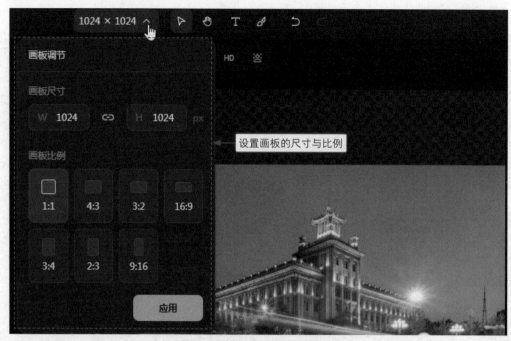

图 2-25　设置画板的尺寸与比例

⑤ 选中工具 ▷：选中工具 ▷ 可以用来选中画板中的图片对象，调整图片对象的大小、位置和旋转等属性，如图 2-26 所示。

图 2-26　运用选中工具 ▷ 调整图片属性

⑥ 移动工具 ✋：移动工具 ✋ 可以对整个画板进行移动操作。

⑦ 局部重绘：单击"局部重绘"按钮，弹出"局部重绘"对话框，用户可以在其中选择图片的特定区域进行重新绘制，如图 2-27 所示。

⑧ 扩图：单击"扩图"按钮，弹出"扩图"对话框，可以在其中设置相应的比例，允许用户扩展图片的边界，增加图片的尺寸，如图 2-28 所示。

图 2-27 "局部重绘"对话框

图 2-28 "扩图"对话框

❾ 消除笔：单击"消除笔"按钮，弹出"消除笔"对话框，通过涂抹相应的图片区域，如图 2-29 所示，从图片中移除不需要的元素或背景。

图 2-29 "消除笔"对话框

❿ HD 无损超清：单击"HD 无损超清"按钮，可以使用 AI 技术提升图片的分辨率，使低分辨率图片变得更加清晰。

⓫ 抠图：单击"抠图"按钮，弹出"抠图"对话框，此时 AI 模型会自动识别主体对象，如图 2-30 所示；单击"立即生成"按钮，即可抠取图像与背景进行合成，效果如图 2-31 所示。

图 2-30 "抠图"对话框

图 2-31 抠取图像与背景进行合成效果

⑫ 图层：在该列表框中，允许用户对图片的不同元素进行分层管理，方便编辑和调整。

⑬ 生图记录：通过选择不同的图层，可以查看 AI 图片的生图记录，如图 2-32 所示。

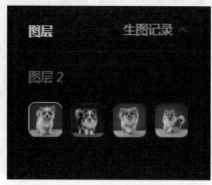

图 2-32　AI 图片的生图记录

2.2.5　认识"视频生成"页面

在"视频生成"页面，用户可以利用 AI 技术生成相应的视频内容，主要包括"文本生视频"和"图片生视频"两种 AI 视频功能，如图 2-33 所示。

图 2-33　"视频生成"页面

在"视频生成"页面，各主要功能含义如下。

❶ 文本生视频：选择"文本生视频"选项卡，如图 2-34 所示，用户可以在其文本框中输入描述性文本，AI 将根据输入的描述性文本生成视频内容。

图 2-34 "文本生视频"选项卡

❷ 图片生视频：选择"图片生视频"选项卡，用户可以在其中进行以图片生视频的相关操作。

❸ 上传图片：单击"上传图片"按钮，弹出"打开"对话框，用户可以上传一张图片，AI 模型将基于这张图片生成视频。

❹ 运镜类型：在该列表框中，可以选择镜头的运动方式，如推进、拉远以及旋转等。

❺ 视频比例：在该选项区中，可以设置视频的宽高比，如 16 : 9、4 : 3、1 : 1 等，以适应不同的播放平台。需要注意的是，在"文本生视频"选项卡中可以选择视频的宽高比，如图 2-35 所示；在"图片生视频"选项卡中，AI 模型将根据图片的比例进行自动处理，暂不支持单独设置视频的宽高比，如图 2-36 所示。

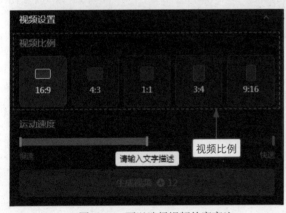

图 2-35 可以选择视频的宽高比
（"文本生视频"选项卡）

图 2-36 暂不支持单独设置视频的宽高比
（"图片生视频"选项卡）

❻ 效果欣赏：在该区域中，可以查看即梦生成的 AI 视频效果。

2.3 掌握即梦的操作流程

即梦可以生成 AI 图片和 AI 视频，两者的操作流程类似，本节以生成 AI 图片的操作流程为例进行讲解，流程涵盖 5 个核心步骤：确定主题内容、确定绘画的提示词、生成 AI 绘画作品、对 AI 绘画作品进行调整、通过后期提升作品的质感。通过用户的指令输入和创意指导，结合 AI 模型的算法和数据处理，即梦可以生成具有独特风格和效果的图片，从而拓展创作的可能性和创意空间。

下面以图 2-37 所示的 AI 图片为例，介绍即梦的操作流程。

图 2-37　AI 图片

　　图 2-37 所示是一张自然环境与现代科技相融合的图片。在黄昏时分的背景下，山脉显得宁静而壮观，夜空中星星点点，月亮高悬，为整个画面增添了一丝神秘感。云层被山峰切割成错落有致的层次，增添了画面的层次感和立体感。同时，风力发电机排列在山顶上，成为图片中的一大亮点，这些发电机的叶片朝向各异，似乎在捕捉着自然之风，生动诠释了现代科技与自然环境的和谐共生。

2.3.1　确定主题内容

使用即梦进行 AI 绘画与 AI 视频创作之前，需要确定 AI 作品所要表达的主题、情感或意图。AI 作品的主题既可以是抽象、具体的，也可以是情感、风景、花卉、人物、抽象艺术等各种类型。

例如，想要生成一系列具有夏日清爽感的图像或视频，或者想要表达对自然环境的尊重和向往，或者想要展示城市夜景的魅力等。在确定主题内容时，用户需要考虑自己的创作目的、观众的需求和期望，以及即梦的创作能力等。

本节以壮丽的自然风光图片为主题，展示了山脉、风力发电机、天空、云层、星星、月亮以及远处的城市灯光等元素，通过这些元素的组合，展现了自然风光的宁静与美丽，同时也体现了现代科技——风力发电机在自然环境中的应用。该主题聚焦于自然界中的一个具体且极具视觉吸引力的对象，通过镜头语言，深刻表达了人与自然和谐共生的美好愿景。

2.3.2　确定绘画的提示词

一旦确定了主题内容，就可以思考图片的提示词，以引导即梦生成符合主题内容的图片。这些提示词涉及情感、色彩、构图、风格等方面，可以帮助即梦更好地理解用户的意图和创意，从而生成具有特定主题和情感的图片。

关于提示词的内容，用户既可以根据自己的实际需求进行组织和编写，还可以通过 ChatGPT、文心一言、Kimi、秘塔等 AI 工具生成符合主题内容的提示词，如图 2-38 所示。

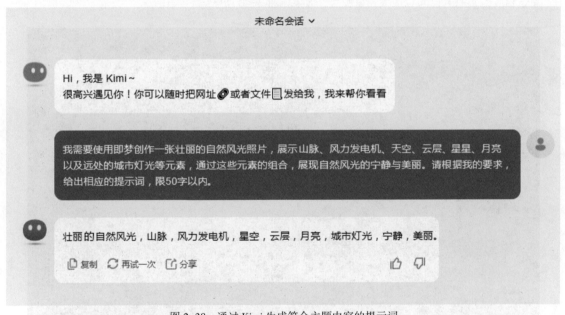

图 2-38　通过 Kimi 生成符合主题内容的提示词

2.3.3　生成 AI 绘画作品

基于用户输入的提示词和指导，即梦开始生成相应的图片，这一过程通常涉及使用机器学习和深度学习算法进行处理和修改，旨在生成具有特定风格和效果的图片。生成的 AI 绘画作品不仅受用户输入的提示词和指导的影响，而且也受算法和数据的影响。

在即梦中输入相应的提示词，设置图片比例为 16 : 9，单击"立即生成"按钮，即可生成符合要求的 AI 绘画作品，如图 2-39 所示。

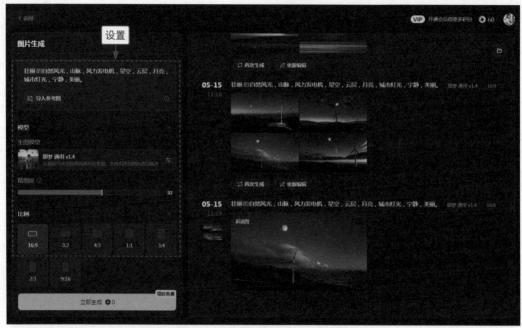

图 2-39 在即梦中生成的 AI 绘画作品

单击相应的 AI 图片，可以放大预览图片，效果如图 2-40 所示。

图 2-40 放大预览图片效果

2.3.4 对 AI 绘画作品进行调整

当即梦根据提示词内容生成相应的 AI 绘画作品后，如果用户对作品不满意，可以修改提示词的内容，对作品进行进一步的调整和修改，包括调整图片的色彩、对比度、曝光、构图等方面的参数，以满足特定的创作需求和审美标准。

图 2-41 所示为在即梦中重新输入相应的提示词，生成的 AI 作品。

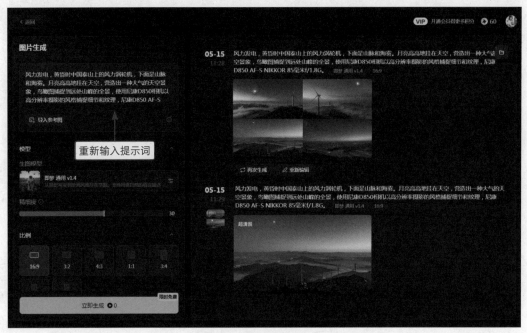

图 2-41　重新生成的 AI 作品

2.3.5　通过后期提升作品的质感

当即梦生成理想的作品后，用户可以对 AI 作品进行后期处理，以进一步加强作品的质感和表现力，包括调整图片的色调、修饰细节、添加滤镜等，使作品更加丰富和引人注目。我们可以在 Photoshop 的 Camera Raw 插件中进行调整，提升作品的质感，如图 2-42 所示。

图 2-42　在 Camera Raw 插件中提升作品的质感

第 3 章　指令：
使用 AI 生成绘画提示词

要想在即梦中制作出精彩的 AI 图片和 AI 视频，需要非常
准确的提示词文案，即提示词。第二章介绍了即梦平台的基本
操作，本章将介绍 AI 提示词文案的相关写作工具，以及使用
AI 工具生成绘画提示词的方法，以帮助大家轻松生成满意的
AI 作品。

3.1 了解AI提示词写作工具

在使用即梦时，用户需要输入与所需绘制内容相关的提示词或短语，即"绘画指令"，以帮助即梦更好地定位主体和激发创意。如何撰写描述图片的提示词呢？这里要用到一些非常重要的 AI 文案工具，如 Kimi、文心一言、通义、秘塔以及 ChatGPT 等，本节将对这些 AI 文案工具进行简单介绍。

3.1.1 Kimi

Kimi 是由月之暗面科技有限公司（Moonshot AI）开发的 AI 助手。Kimi 的设计宗旨是为用户提供安全、有益且准确的回答，目标是成为一个可靠、智能的助手，帮助用户更高效地获取信息和解决问题。图 3-1 所示为 Kimi 的官方界面。

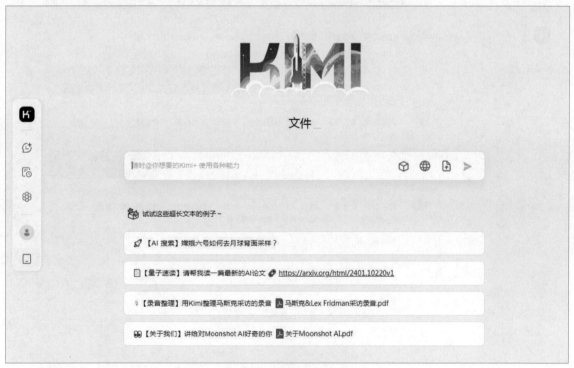

图 3-1　Kimi 的官方界面

Kimi 的主要特点和功能简单介绍如下。

❶ 多语言对话能力：Kimi 擅长中文和英文，能够流畅地与用户进行交流。

❷ 文件阅读：Kimi 支持用户上传并阅读多种文件类型，包括 TXT、PDF、Word、PPT 和 Excel 等，只要文件总字数不超过 20 万字即可。

❸ 互联网搜索：Kimi 具备强大的搜索能力，可以通过互联网检索信息，结合搜索结果为用户提供更

全面的回答。

❹ 安全和准确性：Kimi 在回答时会避免涉及恐怖主义、种族歧视、黄色暴力和政治敏感等不当内容，确保回答内容的安全性和准确性。

❺ 遵守法律法规：Kimi 的回答遵守中华人民共和国的法律法规要求。

❻ 解决用户问题：Kimi 的目的是帮助用户解决问题，其方式包括阅读文件、搜索信息和直接回答问题。

❼ 获取文字回复：Kimi 仅提供文字回复，无法创建或提供下载链接，不能发送电子邮件或文件等。

❽ PC 端和 App：Kimi 提供了两种操作入口，即 PC 端网页和 App 应用程序，用户可根据实际需要选择相应的操作入口。

❾ 语音输入与输出：最新版的 Kimi 智能助手 App 已支持语音输入与输出功能。

图 3-2 所示为 Kimi 根据用户的要求生成的相关提示词。

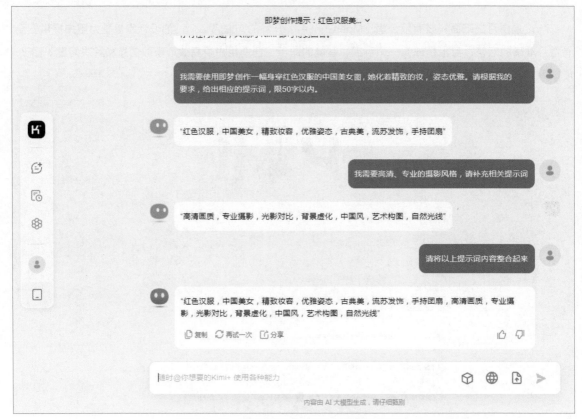

图 3-2　Kimi 根据用户的要求生成的相关提示词

3.1.2　文心一言

文心一言提供了多种文学素材和写作指导，可以帮助用户更好地进行文学创作。图 3-3 所示为使用文心一言生成的 AI 绘画提示词。用户可以利用文心一言生成与主题相关的提示词，包括词组、句子、段落、故事情节、人物形象描述等，帮助用户更好地理解主题和构思作品。

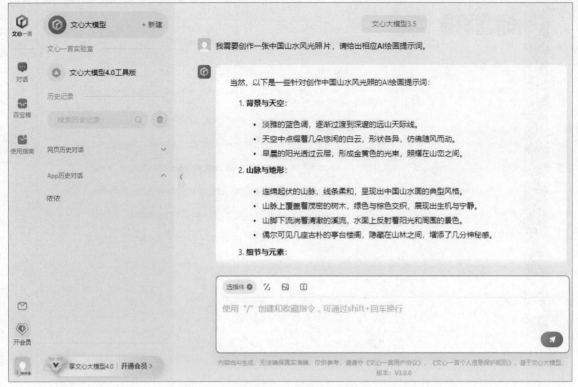

图 3-3 使用文心一言生成的 AI 绘画提示词

此外，文心一言还提供了一些写作辅助工具，如情感分析、词汇推荐、排名对比等，可以让用户更全面地了解自己的作品，并对其进行优化和改进。同时，文心一言还设置了创作交流社区，方便用户分享自己的作品，交流创作心得，获取反馈和建议。

3.1.3 通义

通义是阿里云推出的一个超大规模的语言模型，具有多轮对话、文案创作、逻辑推理、多模态理解、多语言支持等功能。

通义支持自由对话，用户可以随时打断、切换话题，系统能根据用户需求和场景灵活生成内容。同时，用户可以利用自身的行业知识和应用场景，训练专属的大模型。

通义运用了 AI 技术和自然语言处理技术，使用户可以使用自然语言进行提问，同时系统能够根据问题的语义和上下文，提供准确的答案和相关的知识点。这种智能化的问答机制不仅提高了用户的工作效率，还减少了重复性工作和人为误差。图 3-4 所示为使用通义生成的 AI 绘画提示词。

需要注意的是，2024 年 5 月 9 日，通义千问更名为通义，这次更名是通义大模型品牌升级的一部分，不仅更改了名称，还集成了通义大模型的全栈能力，并且面向所有用户免费提供服务。

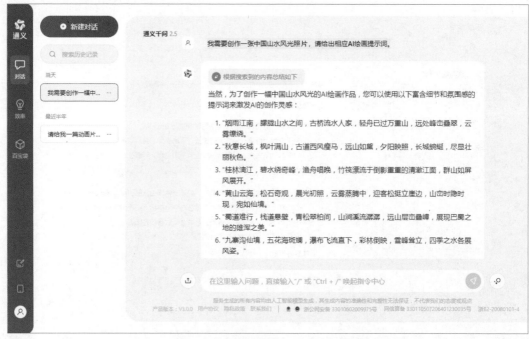

图 3-4　使用通义生成的 AI 绘画提示词

3.1.4　秘塔

秘塔 AI 搜索是上海秘塔网络科技有限公司推出的一款 AI 搜索引擎，它能够深入理解用户的问题，提供直接答案，无须用户在多个网页中寻找信息。与传统搜索引擎相比，秘塔 AI 搜索无广告干扰，搜索结果更清晰、直观。图 3-5 所示为使用秘塔 AI 搜索生成的 AI 绘画提示词。

图 3-5　使用秘塔 AI 搜索生成的 AI 绘画提示词

上海秘塔网络科技有限公司凭借其 AI 技术，为用户提供了高效的搜索和写作工具，致力于改善用户的信息获取和创作体验。随着技术的不断进步和产品的持续优化，秘塔 AI 搜索有望在未来为用户提供更加精准和便捷的服务。

 上海秘塔网络科技有限公司成立于 2018 年 4 月，是一家在 AI 领域迅速崛起的新锐企业，致力于以算力替代人力，提高专业场景的生产力。

3.1.5 ChatGPT

对于新手来说，在生成 AI 绘画作品时，最难的地方是构思并撰写恰当的提示词，这常常让他们感到无从下手，甚至止步不前。其实，撰写 AI 绘画提示词最简单的工具就是 ChatGPT，它使用了自然语言处理和深度学习等技术，可以流畅地进行自然语言的对话，回答用户提出的各类问题，包括撰写 AI 绘画提示词。

ChatGPT 的核心算法基于 GPT（Generative Pre-trained Transformer）模型，它是由 OpenAI 开发的深度学习模型，可以生成自然语言的文本。ChatGPT 可以与用户进行多种形式的交互，如文本聊天、语音识别、语音合成等。ChatGPT 可以应用在多种场景中，如客服、语音助手、教育、娱乐等，帮助用户解决问题，提供娱乐和知识服务。

图 3-6 所示为使用 ChatGPT 生成的 AI 绘画提示词。

图 3-6　使用 ChatGPT 生成的 AI 绘画提示词

ChatGPT 为人类提供了一种全新的交流方式，它能够通过自然的语言交互实现更加高效、便捷的人机交互。未来，随着技术的不断进步和应用场景的不断扩展，ChatGPT 的发展也将更加迅速，带来更多的行业创新和应用价值。

3.2 使用AI工具生成绘画提示词

运用 AI 技术生成即梦 AI 图像或短视频的提示词已成为互联网时代的一大流行趋势，并且随着研究的深入，其传播与应用会越来越广泛，在这个过程中，我们要用到一个非常重要的工具——Kimi。本节主要介绍通过 Kimi 获取即梦 AI 图片与短视频提示词的方法，并分享提升文本内容的优化技巧，以便快速获取需要的提示词。

3.2.1 向 Kimi 提问的注意事项

向 Kimi 提问时，正确的提示词提问技巧和注意事项至关重要，本小节将介绍如何更快、更准确地获取需要的信息。向 Kimi 提问的注意事项如图 3-7 所示。

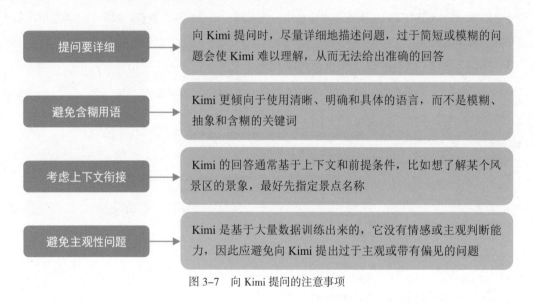

图 3-7　向 Kimi 提问的注意事项

3.2.2 直接获取具体的提示词

Kimi 是一个基于预训练数据进行响应的语言模型，它不具备直接分析输入内容并主动提取提示词的能力。然而，当用户提供具体的提示词或问题时，Kimi 可以利用训练成果和知识库来提供相关的信息和回答。例如，用户想创作一张小狗的图片，但不知道提示词如何撰写，此时可以通过 Kimi 来获取提示词，具体操作步骤如下。

步骤 01　在 Kimi 的输入框中输入相应的指令，按 Enter 键发送，便可以得到 Kimi 生成的回复，相关指令和回复内容如下。

提问

我需要使用 AI 工具绘制一张可爱小狗的图片，请给我关于图片的相关提示词。

Kimi

当然可以，以下是一些提示词，可以帮助你想象或描述可爱小狗的图片。

1. 毛茸茸：描述小狗的毛发质感。

2. 圆眼睛：小狗的眼睛通常又大又圆，充满好奇。

3. 摇尾巴：表示小狗的友好和快乐。

4. 耳朵：可以是耷拉的、竖起的或尖尖的。

5. 小鼻子：通常湿润而有光泽。

6. 短腿：对于某些品种的小狗，短腿是其特点。

7. 卷毛：有些品种的小狗的毛发是卷曲的。

8. 斑点：有些小狗身上可能有可爱的斑点图案。

9. 微笑：小狗的嘴部表情，给人一种它在微笑的感觉。

10. 活泼：描述小狗充满活力和生机。

11. 玩具：小狗常常与玩具一起玩耍，可以增加画面的趣味性。

12. 草地：一个常见的背景选择，小狗在草地上奔跑或休息。

13. 阳光：温暖的阳光照在小狗身上，增加画面的温馨感。

14. 舌头：小狗伸出舌头，可能是在喘气或表示友好。

15. 品种特征：根据小狗品种，可以添加一些特定的特征描述，如柯基的短尾巴、贵宾犬的卷毛等。

16. 表情：小狗的表情可以传达它的情绪，如快乐、好奇或顽皮。

17. 颜色：描述小狗的毛色，如白色、棕色、黑色或混合色等。

18. 动作：小狗可能在跑、跳、滚或坐等。

使用这些提示词，你可以构建一个生动而具体的小狗的形象。如果你需要更具体的描述或者想要了解某个特定品种的小狗特征，请告诉我，我会提供更详细的信息。

步骤 02 继续输入相应的指令，希望 Kimi 给出更具体的提示词描述，限 50 字以内，相关指令和回复内容如下。

提问

请结合以上元素，直接给我提示词，限 50 字以内，进行段落式描述。

Kimi

一只活泼可爱的小狗，毛茸茸的身体，圆圆的眼睛闪闪发亮，尾巴欢快摇动。耳朵柔软，短腿粗壮，卷毛覆盖，斑点花纹。微笑温暖，阳光下在翠绿草地上与彩色橡胶玩具嬉戏。

3.2.3 生成同类 AI 绘画提示词

如果需要获取同类的提示词，可以在原有提示词的基础上，添加或修改一些常见的前缀或描述，以生成更多相关的提示词。例如，用户想获取关于泰迪熊狗的 AI 绘画的提示词，可以按照以下步骤进行。

步骤 01 在 Kimi 的输入框中输入相应的指令，按 Enter 键发送，便可以得到 Kimi 生成的回复，相关指令和回复内容如下。

👤 **提问**

请给我关于可爱的泰迪熊狗的 AI 绘画提示词。

😺 **Kimi**

当然，以下是关于可爱的泰迪熊狗的 AI 绘画提示词。

1. 卷曲毛发：泰迪熊狗的标志性特征。

2. 棕色或白色：描述其常见的毛色。

3. 圆溜溜的眼睛：突出其可爱的表情。

4. 小巧鼻子：强调其精致可爱。

5. 短腿：表现其活泼好动的性格。

6. 自然下垂的耳朵：泰迪熊狗耳朵的特点。

7. 笑容可掬的嘴巴：传达其友好与快乐。

8. 项圈装饰：可以是蝴蝶结或小铃铛。

9. 玩具球：常伴其玩耍的道具。

10. 草地背景：提供一个自然的场景，让泰迪熊狗在其中自由奔跑或休息。

这些提示词可以帮助你构思并绘制可爱的泰迪熊狗。

步骤 02 如果你想绘制具有油画风格的泰迪熊狗图像，继续在 Kimi 的输入框中输入相应的指令，按 Enter 键发送，便可以得到 Kimi 生成的回复，相关指令和回复内容如下。

👤 **提问**

我需要绘制具有油画风格的泰迪熊狗图像，请给出相关的 AI 绘画提示词。

😺 **Kimi**

你想绘制具有油画风格的泰迪熊狗图像，以下是一些 AI 绘画提示词，可以帮助你构思和指导 AI 进行创作。

1. 油画质感：强调使用厚重的颜料和明显的笔触。

2. 泰迪熊狗：指明要绘制的犬种。

3. 卷曲的毛发：描述其毛发的纹理和形态。

4. 棕色或白色：提供毛色的选择。

5. 深邃的眼睛：突出其眼神的深度和情感表达。

6. 小巧的黑色鼻子：强调其面部特征。

7. 圆润的耳朵：描述耳朵的形状。

8. 短腿站立：表现其站立的姿态。

9. 微笑表情：增加画面的温馨和亲切感。

10. 项圈和蝴蝶结：添加装饰性元素。

11. 玩具球在旁：增加互动性和动态感。

12. 柔和的光影：油画中光影效果的表现。

13. 自然背景：如草地、花园或室内环境。

14. 色彩丰富：油画中色彩的运用。

15. 细节刻画：对毛发、眼睛等细节的精细描绘。

这些提示词将帮助你绘制具有油画风格的泰迪熊狗图像。

3.2.4　确定提示词的主题方向

编写有效且具体的提示词是用户需要掌握的技能，其中，第一要义是确定提示词的主题。例如，如果用户想通过 Kimi 生成一张关于春季奶茶的图片，那么"春季奶茶"便是提示词的主题，而"生成 AI 绘画提示词"则是用户的需求，将两者组合，就可以得到要输入的提示词，即"帮我撰写有关春季奶茶的 AI 绘画提示词"，相关指令和回复内容如下。

👤 **提问**

帮我撰写有关春季奶茶的 AI 绘画提示词。

🤖 **Kimi**

当然，以下是结合了春季元素和奶茶特征的 AI 绘画提示词，旨在激发 AI 创作出一幅充满春意的奶茶画作。

请绘制一幅以春季为主题的奶茶画作，画面中应包含以下元素：一个透明玻璃杯中盛满香浓的奶茶，顶部覆盖着轻盈的奶盖泡沫，点缀着几颗圆润的黑色珍珠。背景是一片绚烂的樱花林，粉嫩的樱花瓣随风飘落，轻轻落在桌面和奶茶杯上。阳光透过树叶的缝隙，洒在温暖的场景上，形成斑驳的光影效果。整体风格要求温馨、清新，色彩以春天的粉、绿、白为主，营造出充满生机和惬意的下午茶时光。

这段提示词旨在引导 AI 捕捉春季的自然美和奶茶的诱人之处，创作出既有季节特色又具有食欲感的作品。

3.2.5 细化描述加入具体特征

如果用户给 Kimi 的提示词中已明确主题，但没有得到理想的回复，可以进一步细化主题描述，增加场景或对象的具体特征。下面将举例介绍具体的操作方法。

步骤 01 打开 Kimi，在输入框中输入相应主题内容，按 Enter 键发送，便可以得到 Kimi 生成的回复，相关指令和回复内容如下。

提问

> 我需要绘制一幅关于春天的风景作品，请给我相关的提示词。

Kimi

> 为了绘制一幅关于春天的风景作品，以下是一些 AI 绘画提示词，可以帮助你构思并指导 AI 进行创作。
>
> 1. 嫩绿色：春天新生植物的主色调。
> 2. 盛开的樱花：春天的标志性花卉，粉色或白色。
> 3. 温暖的阳光：柔和的光线，代表春天的到来。
> 4. 蓝天白云：晴朗的天空。
> 5. 蝴蝶飞舞：春天活跃的昆虫。
> 6. 新芽：树木上新生的嫩叶。
> 7. 蜜蜂采蜜：在花间忙碌的昆虫。
> 8. 小鸟歌唱：春天常见的自然声音。
> 9. 清新空气：春天的气息，可以象征性地表现。
> 10. 花丛：各种春季盛开的花朵。
> 11. 溪流潺潺：春天融化的雪水，增加生动感。
> 12. 户外野餐：人们享受春天的休闲时光。
> 13. 风筝：春天户外活动的常见景象。
> 14. 柔和的色彩：使用粉色、黄色、淡蓝色等色调。
> 15. 复苏的大地：表现大自然从冬眠中苏醒的情形。
> 16. 孩童欢笑：春天带给人们欢乐和活力。
> 17. 彩虹：春雨过后可能出现的自然美景。
> 18. 雨后清新：春雨洗礼后的清新感。
> 19. 花瓣飘落：春风中飘落的花瓣，增加动态美。
> 20. 春日游园：人们在公园中享受春天的场景。

步骤 02 加入场景的具体特征，修改提示词的内容，让 Kimi 再次根据新的提示词生成回复，相关指令和回复内容如下。

提问

我需要绘制一幅关于春天乡村田野的风景作品，天空湛蓝，适当加入一些梦幻或浪漫的元素，突出春日的氛围，请给我相关的提示词，要求 100 字以内。

Kimi

以下是一段 100 字以内的 AI 绘画提示词，用于绘制春天乡村田野的风景，包含梦幻或浪漫元素。

绘制春天的乡村田野，天空湛蓝，云朵轻盈。田野上鲜花盛开，色彩斑斓。远处小屋炊烟袅袅，近处溪流潺潺。加入梦幻元素，如飘浮的彩色气泡或蝴蝶，增添浪漫气息。整体氛围温馨、宁静，突出春日生机。

这段提示词旨在引导 AI 捕捉春天乡村田野的宁静美景，并融入一些梦幻的元素，以增强画面的浪漫和春日氛围。

3.2.6　通过数字进行正确提问

使用 Kimi 进行提问前，要注意提示词的运用技巧，提问时要在问题中指定具体的数字，描述要精准，这样可以得到更满意的回答。

例如，"我需要 7 段关于四川省美食画面的描述内容"，其中 "7 段" 就是具体的数字，"四川省美食" 就是精准的地点描述，相关指令和回复内容如下。

提问

请提供 7 段关于四川省美食画面的描述内容

Kimi

以下是 7 段关于四川省美食画面的描述内容，每段都试图捕捉四川省菜肴的独特风味和视觉美感。

1. 麻婆豆腐：一块块洁白的豆腐浸泡在深红色的辣椒油中，表面点缀着炒香的花椒和葱花。豆腐的嫩滑与辣椒的热烈完美融合，每一口都是麻辣鲜香的极致体验。

2. 宫保鸡丁：鲜嫩的鸡肉丁与酥脆的花生米在盘中交错，周围点缀着红椒和青椒块。酸甜的酱汁包裹着食材，微辣中带着酸甜，令人回味无穷。

3. 担担面：热气腾腾的担担面，面条细长而有弹性，上面铺满了肉末、花生碎和葱花。辣椒油和花椒油的香气扑鼻而来，挑逗着味蕾，让人忍不住大快朵颐。

4. 夫妻肺片：薄如纸片的牛肉和牛杂整齐地摆放在盘中，淋上鲜红的辣椒油和花椒油，再撒上一把白芝麻和香菜，色香味俱全，麻辣鲜香，令人陶醉。

5. 水煮鱼：一盘水煮鱼热气腾腾，雪白的鱼肉片在热油中翻滚，表面覆盖着一层厚厚的辣椒和花椒。鱼肉鲜嫩，辣椒和花椒的香气四溢，搭配上豆芽和青蒜，色香味俱佳。

　　6. 鱼香肉丝：肉丝切得非常细，与木耳、胡萝卜丝和青椒丝一同炒制，呈现出丰富的色彩层次。这道菜酸甜带辣，味道层次分明，令人回味无穷。

　　7. 麻辣香锅：藕片、土豆、豆皮、午餐肉等食材一起炖煮，吸收了香辣的汤汁，每一口都充满了麻辣鲜香，是冬日里温暖人心的佳肴。

　　这些描述旨在通过视觉和味觉的细节，传达四川省美食的丰富层次和独特风味。

3.2.7 指定语言风格进行模仿

　　当用户不知道如何编写提示词时，可以指定语言风格，让 Kimi 进行模仿，并按照特定风格生成回复。用户可以指定自己喜欢的影视人物、动漫人物、作家、文学作品等语言风格，或者指定某平台的短视频风格。其相关指令和回复内容如下。

👤 提问

请参考张爱玲的写作风格，创作一篇关于一位女士在海边漫步的文章，字数要求在 200 字以内。

🐵 Kimi

　　海风轻拂，带着咸咸的味道和远方的呼唤，她独自漫步在沙滩上。海浪轻轻地拍打着岸边，似有节奏地应和着她内心的独白。女士的裙摆随风轻扬，如同她飘忽的思绪，时而贴近沙滩，时而飘向远方。

　　她赤着脚，感受着沙粒与肌肤的亲密接触，每一步都似乎在丈量着过往与未来的距离。海鸥在头顶盘旋，它们的叫声与海浪交织成一首自然的乐章，而她仿佛成了这乐章中的一个音符，既独立又和谐。

　　太阳渐渐西沉，天边的云彩被镀上了一层金色，她的影子在沙滩上拉得长长的。海边的漫步，于她而言，不仅是一场与自然的对话，更是一次心灵的洗礼。

3.2.8 提供具体案例供 AI 参考

　　用户在对 Kimi 进行提问时，可以提供具体的案例让其参考，在 Kimi 识别之后，便可以生成更为满意的答案，相关指令和回复内容如下。

👤 提问

美食类图像的提示词，其精髓不仅在于展示食物的诱人之处，更在于传达一种情感或氛围，如温馨、舒适、奢华或简约等。例如，一盘精心摆盘的法式甜点，散发着诱人的光泽。细腻的奶油如云朵般轻盈地覆盖在新鲜的草莓上，金色的糖浆缓缓流淌，形成了一幅甜蜜的图案。一束新鲜的薄荷叶作为点缀，为整个画面增添了一抹生机与清新。整个场景能让人感受到那份来自美食的细腻情感与匠心独运。请提供 5 段类似的提示词。

◉ Kimi

以下是 5 段类似风格的美食类图像提示词，每段都旨在传达特定的情感或氛围。

1. 温馨家庭晚餐：

一张温馨的家庭餐桌，摆满了热气腾腾的家常菜。红烧肉在柔和的灯光下闪着光，旁边是一碟翠绿的青菜和一碗香气四溢的番茄蛋花汤。木质的餐具搭配棉麻餐巾，营造出一种家的温暖和归属感，让人感受到平凡生活中的小确幸。

2. 舒适下午茶时光：

在洒满阳光的窗台边，一套精致的英式下午茶具摆放得恰到好处。细腻的骨瓷茶壶和茶杯交相辉映，三层点心架上色彩缤纷的马卡龙、三明治以及一块块小巧的草莓塔整齐排列。一束盛开的鲜花作为装饰，为这个悠闲的午后时光增添了一抹优雅与宁静。

3. 奢华晚宴体验：

在豪华的餐厅内，一张布置得无懈可击的餐桌映入眼帘。银质的餐具和水晶酒杯在吊灯下熠熠生辉，中间是一份装饰华美的黑松露意大利面，周围点缀着食用金箔和蔬菜，尽显奢华与精致，让人仿佛置身于一场高端的晚宴。

4. 简约现代咖啡馆：

在现代风格的咖啡馆一隅，简约的白色骨瓷盘上摆放着一块精心制作的提拉米苏，旁边是一杯拉花精美的咖啡。木质的桌面、黑色金属椅子以及墙上的抽象画共同构成了简约而不失格调的画面，传递出现代都市的快节奏与对生活品质的不懈追求。

5. 传统市集小吃：

热闹的市集中，一张布满岁月痕迹的木桌上，摆着几盘传统小吃。金黄的油条、热气腾腾的包子和香脆的煎饼馃子散发着诱人的香味。周围的叫卖声和笑语交织在一起，让人感受到传统市集的热闹与地道的美食文化，以及那份简单而纯粹的快乐。

3.2.9 赋予 AI 身份获得专业回复

Kimi 作为语言模型，它可以充当各种角色，因此，用户在与 Kimi 对话时，可以先赋予其身份。赋予 Kimi 身份，相当于给了 Kimi 一定的语言风格和话题内容方面的提示，让 Kimi 能够对接下来的对话做足准备。这一技巧不仅适用于咨询 Kimi 信息，而且适用于与 Kimi 进行深度的情感沟通。例如，让 Kimi 充当 AI 绘画师，Kimi 会生成更有参考价值的回复。下面我们介绍具体的操作步骤。

步骤 01 赋予 Kimi 身份，随后 Kimi 将给出一些关于生成指令的建议，相关指令和回复内容如下。

提问

你现在是一位 AI 绘画师，请提供一些生成卡通动画场景的指令建议。

Kimi

作为 AI 绘画师，创建卡通动画场景时，可以遵循以下指令建议。

1. 主题：确定场景的基本环境，如室内、室外、自然景观或虚构世界，并描述场景的氛围，如欢快、神秘、宁静或紧张等。

2. 色彩：选择色彩方案来表达场景的情感，如温暖、冷静或对比强烈等。

3. 角色：设计主要角色的外观，如形状、颜色和表情等。

4. 背景：添加背景元素，如树木、建筑物、山川或天空等，以增强场景的深度和故事性。

5. 光源：确定光源的方向和强度，以及它如何影响场景和角色。

6. 细节：在场景中添加细节，如窗户、门、装饰或其他小物件等，以增加视觉兴趣。

7. 动态：如果场景需要，可以添加动态元素，如飘动的云、流水或飞翔的鸟等。

8. 构图：应用构图技巧，如三分法、对称或领导线等，以引导观众的视线。

9. 风格：确保整个场景的风格一致，如卡通、写实或抽象等。

10. 叙事：考虑场景如何推动故事情节，以及如何与前后场景相联系。

通过这些指令建议，AI 绘画师可以创作出既美观又充满故事性的卡通动画场景。

步骤 02 在生成卡通动画场景时，Kimi 会根据用户提供的主题信息给出合适的回答。继续向 Kimi 提问，相关指令和回复内容如下。

提问

请整合上述建议，提供 8 个关于动物园卡通场景的 AI 绘画指令示例，要求画面唯美、梦幻。

Kimi

以下是 8 个关于动物园卡通场景的 AI 绘画指令示例，旨在创作出唯美而梦幻的画面效果。

1. 梦境动物园入口：绘制一个充满梦幻色彩的动物园入口，以柔和的紫色和粉色为主色调，点缀闪闪发光的星星灯。

2. 月光下的猴山：在月光洒落的猴山场景中，小猴子们在发光的蘑菇和闪亮的瀑布旁嬉戏，使用冷色调营造宁静夜晚的氛围。

3. 彩色鹦鹉林：创造一个充满热带风情的鹦鹉林，鹦鹉的羽毛色彩斑斓，与周围的绿叶形成鲜明对比。

4. 迷雾中的大象区：描绘一个迷雾缭绕的大象区，大象在朦胧的雾气中若隐若现，使用蓝色和灰色调增加神秘感。

5. 童话般的长颈鹿草原：以粉色和橙色的柔和日落为背景，绘制长颈鹿在开满野花的草原上漫步的场景，天空中飘浮着彩色的云朵。

6. 夜晚的猫科动物馆：在一个充满神秘感的夜晚，猫科动物们在荧光植物和闪烁的星空下休息，使用暗色调和点缀光效突出夜晚的宁静。

7. 水彩风格的熊猫馆：采用水彩画风，绘制熊猫在竹林中悠闲吃竹子的场景，使用清新的绿色和黑色调，以及柔和的光影效果。

8. 梦幻水母馆：在水母馆中，各色水母在水族箱中缓缓漂浮，使用蓝色和紫色调营造出海底世界的梦幻感，周围是星星点点的灯光。

这些指令旨在通过色彩、光影和细节的精心设计，创造出既唯美又充满梦幻感的动物园卡通场景。

3.2.10　通过视角增强画面感染力

通过第一人称视角，观众仿佛置身于画面中，能够清晰地感受到场景中的氛围、情感和细节，这种叙述方式增强了阅读的沉浸感。接下来，让 Kimi 以第一人称视角，对一只在水中玩耍的小狗的图像画面进行提示词的提炼，具体操作步骤如下。

步骤 01 在 Kimi 的输入框中输入对话前提，按 Enter 键发送，确保 Kimi 了解第一人称视角，相关指令和回复内容如下。

提问

以第一人称视角撰写图像的提示词，有什么特点？

Kimi

以第一人称视角撰写图像的提示词时，有以下几个特点。

1. 主观感受：提示词会包含主观的情感和感受，如"我感受到的宁静"或"我眼中的缤纷色彩"。

2. 直接体验：使用第一人称可以更好地传达场景给观众，使观众仿佛成为场景的直接体验者。

3. 个性化描述：提示词中可能包含个人化的描述，如个人偏好的颜色、情感或记忆。

4. 互动性：第一人称的使用可以增加观众与图片内容的互动感，仿佛观众正与场景中的元素进行互动。

5. 视角聚焦：第一人称视角可以帮助聚焦于特定的视觉细节或场景的某个部分。

6. 情感投入：使用形容词和动词来传达情感，使描述更情感化。

7. 叙事性：第一人称叙述可以构建一个故事，让观众感觉自己是故事的一部分。

8. 具体化：描述可能会更加具体和详细，因为第一人称视角通常聚焦于个人经历的细节。

9. 视觉引导：提示词可能会引导观众的视线和注意力，指向画面中特定的焦点。

10. 语言风格：语言风格可能会更加口语化和直接，模仿个人叙述的自然流畅。

步骤 02 让 Kimi 根据第一人称视角，提炼相应图像的提示词，相关指令和回复内容如下。

👤 **提问**

请以第一人称视角，对唯美的风光图像进行提示词的提炼。

💬 **Kimi**

以下是以第一人称视角提炼的唯美风光图像的提示词。

1. 我站在山巅，脚下是连绵的云海，朝阳的第一缕光穿透云层，洒在我脸上，带来一天中最温柔的问候。

2. 我沿着蜿蜒的海岸线漫步，海浪轻拂着脚趾，落日的余晖将沙滩染成金色，每个脚印都闪着光。

3. 我坐在古树下，翠绿的树叶在我头顶轻轻摇曳，阳光透过树叶的缝隙，洒下斑驳的光影，宁静而祥和。

4. 我仰望夜空，璀璨的银河横跨天际，每一颗星星都像是在对我眨眼，讲述着宇宙的秘密。

5. 我伫立在广阔的薰衣草田间，紫色的花海随风起舞，香气扑鼻，仿佛置身于紫色的梦境。

6. 我穿过那条樱花盛开的小路，粉色的花瓣如细雨般飘落，轻轻拂过我的脸颊，时间仿佛在这一刻静止。

7. 我行走在秋日的枫林中，火红的枫叶在脚下沙沙作响，每一片落叶都像是秋天的信使，传递着季节的更迭。

8. 我站在宁静的湖边，湖水如镜，倒映着周围的山峦和天空，一阵微风拂过，湖面泛起层层涟漪，美得令人窒息。

这些提示词通过第一人称的视角，将观众带入唯美的自然风光之中，感受那份宁静、梦幻和自然之美。

第 4 章　绘画：
以文生图 + 以图生图技术

以文生图和以图生图是两种基于人工智能的图像生成技术，这两种技术都依赖于深度学习算法，尤其是卷积神经网络和循环神经网络，以及一些先进的架构，如变分自编码器和生成对抗网络。随着技术的发展，以文生图和以图生图的应用场景将会更加丰富，为人们提供更加多样化的视觉体验。本章主要介绍在即梦中以文生图与以图生图的相关操作方法，帮助大家创作出更多精彩的 AI 绘画作品。

4.1 以文生图进行AI绘画

以文生图技术是指根据给定的文本描述生成相应的图像，这种技术通常涉及自然语言处理和计算机视觉的结合，它能够将文本信息转换为视觉内容。本节主要介绍在即梦中以文生图进行 AI 绘画的相关操作方法。

4.1.1 输入提示词生成 AI 图片

在即梦的"AI 作图"选项区中，利用"图片生成"功能，用户可以输入自定义的提示词，让 AI 生成符合自己需求的图片，效果如图 4-1 所示。

下面介绍输入提示词生成 AI 图片的操作方法。

步骤 01 打开浏览器，输入即梦的官方网址，打开官方网站，在"AI 作图"选项区中单击"图片生成"按钮，如图 4-2 所示，使用"图片生成"功能进行 AI 作图。

图 4-1 图片效果

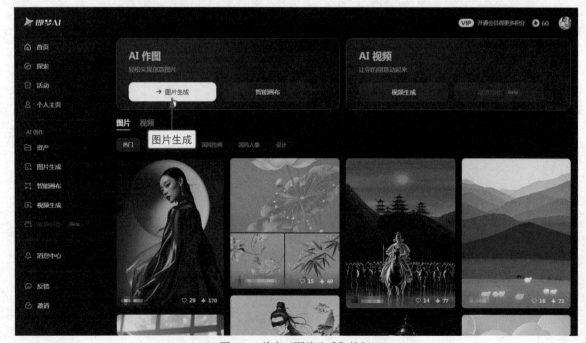

图 4-2 单击"图片生成"按钮

提示词也称关键词、描述词、输入词、指令、代码等。在即梦中输入提示词时，中文或者英文都可以，出图效果都不错，图片质量也较高。

步骤 02 进入"图片生成"界面，如图 4-3 所示，在该界面中可以进行 AI 绘图操作。

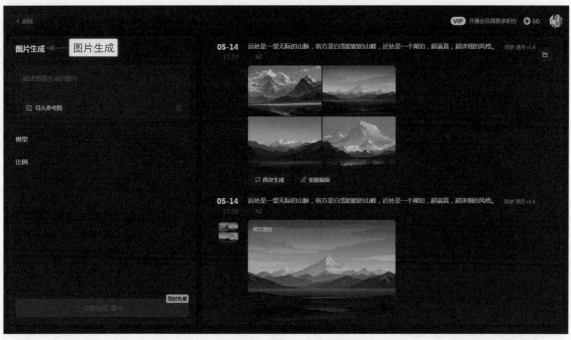

图 4-3 "图片生成"界面

步骤 03 在"图片生成"界面左上方的输入框中输入 AI 绘画的提示词，单击"立即生成"按钮，如图 4-4 所示。

图 4-4 单击"立即生成"按钮

> 在即梦 AI 创作过程中，需要注意的是，在进行 AI 作图和 AI 视频创作时，即使是相同的关键词，即梦每次生成的图片或视频也不一样。

步骤 04 执行操作后，即可生成 4 张相应的 AI 图片，显示在右侧窗格中，如图 4-5 所示。

图 4-5　生成 4 张相应的 AI 图片

步骤 05 单击相应的 AI 图片，即可放大图片，进行预览，如图 4-6 所示。

图 4-6　图片预览效果

4.1.2　选择生图模型并设置精细度

在即梦中，生图模型是指用于生成图像的 AI 预训练模型，这些模型经过大量图像数据的训练，能够理解和生成多种风格和主题的图像。用户在选择模型时，可以基于想要生成的图像类型和风格做出选择，以获得最佳的生成效果。

在即梦中，精细度是指 AI 生成图像的细节水平，它可以通过一个数值范围（如 1~50）来进行调整。精细度的设置影响图像的质量和生成时间，用户在使用时需要根据自己的具体需求和耐心程度来权衡精细度的设置。如果用户需要快速生成图像，可以选择较低的精细度；如果用户追求高质量的图像输出，可以选择较高的精细度，效果如图 4-7 所示。

图 4-7 效果

下面介绍选择生图模型并设置精细度的操作方法。

步骤 01 在"AI 作图"选项区中，单击"图片生成"按钮，进入"图片生成"页面，在页面左上方的输入框中输入 AI 绘画提示词，如图 4-8 所示。

图 4-8 输入 AI 绘画提示词

步骤 02 单击"模型"右侧的下拉按钮，展开"模型"选项区，在"生图模型"列表框中选择"即梦 通用 v1.4"模型，如图 4-9 所示。无论是自然风格，还是写实场景、艺术场景，这款模型都能完美地生成相应的 AI 作品。

图 4-9　选择"即梦 通用 v1.4"模型

步骤 03 在"模型"选项区中拖曳"精细度"下方的滑块，设置"精细度"参数为 50，如图 4-10 所示。在默认情况下，"精细度"参数为 30，虽然更高的精细度数值能使生成的 AI 图片具有更多的细节和更逼真的效果，但是会增加 AI 处理图片所需的时间。

图 4-10　设置"精细度"参数为 50

步骤 04 单击"立即生成"按钮，即可生成 4 张相应的 AI 图片，如图 4-11 所示。从生成的 AI 图片可以看出，图片的质量较高，画面清晰有质感。单击相应的 AI 图片，即可放大预览图片效果。

图 4-11　生成 4 张相应的 AI 图片

4.1.3　设置 AI 图片生成的比例

　　生图比例是指用户在生成 AI 图片时可以选择的图像宽高比，该功能允许用户根据特定的展示平台、设计需求或个人偏好来定制图片的尺寸和形状。

　　即梦向用户提供了一些常见的图片比例，默认的生图比例是 1 : 1 的正方形尺寸，但用户也可以根据某些平台的展示方式修改图片比例。图 4-12 所示为将 AI 图片设置为 16 : 9 宽屏的展示效果，这种宽高比的图片作为视频封面非常合适。

图 4-12　16 : 9 宽屏的图片展示效果

下面介绍设置 AI 图片生成比例的操作方法。

步骤 01 在 "AI 作图"选项区中，单击"图片生成"按钮，进入"图片生成"页面，在页面左上方的输入框中输入 AI 绘画的提示词，在"比例"选项区，选择"16∶9"选项，如图 4-13 所示。16∶9 是一种流行的图片和视频宽高比，广泛应用于多种视觉媒体和显示技术中。

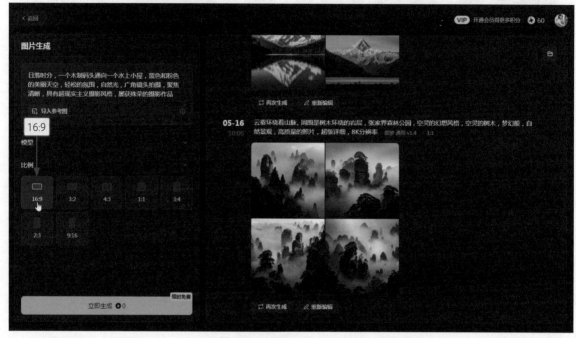

图 4-13　选择"16∶9"选项

步骤 02 单击"立即生成"按钮，即可生成 4 张 16∶9 尺寸的 AI 图片，显示在右侧窗格中，如图 4-14 所示。这种图片尺寸提供了较宽的视角，适合展现宽阔的场景。

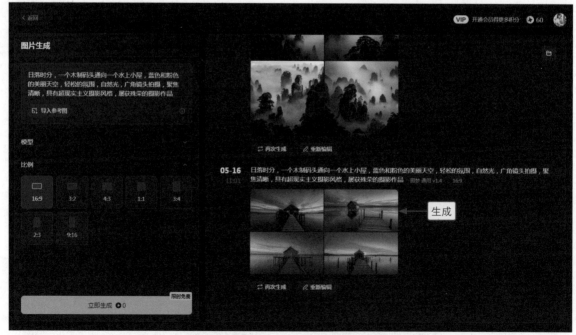

图 4-14　生成 4 张 16∶9 尺寸的 AI 图片

4.1.4 再次生成新的 AI 图片

在即梦平台上，如果用户对初次生成的图片不满意，可以单击"再次生成"按钮，获取新的 AI 图片。"再次生成"功能提供了一种快速迭代的方法，可以帮助用户在短时间内尝试多种可能性，效果如图 4-15 所示。

图 4-15　效果

下面介绍再次生成新的 AI 图片的操作方法。

步骤 01 在 4.1.3 小节案例的基础上，单击相应的 AI 图片下方的"再次生成"按钮，如图 4-16 所示。该操作将基于用户先前提供的输入（如文本描述、上传的图片、选择的风格等），重新生成新的 AI 图片。

图 4-16　单击"再次生成"按钮

步骤 02 执行操作后，即可重新生成 4 张 16 ∶ 9 尺寸的 AI 图片，如图 4-17 所示。用户通过生成过程，可以逐步得到他们想要的图片。

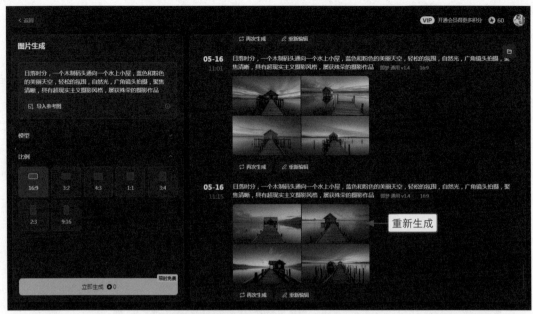

图 4-17　重新生成 4 张 16∶9 尺寸的 AI 图片

　　在即梦平台上，相比于从头开始输入所有参数，"再次生成"功能可以快速让 AI 根据用户的上一次输入进行创作。用户可以使用"再次生成"功能测试不同的模型、风格或参数设置，而无须离开当前的生成流程。

4.1.5　使用细节重绘生成 AI 图片

　　在即梦平台上，用户通过"细节重绘"功能，可以提升 AI 生成的图片中细节的质量，尤其是 AI 处理不够完美的部分，通过局部的调整和优化，可以增强图片的细节表现，使作品更加出色，效果如图 4-18 所示。

图 4-18　效果

下面介绍使用"细节重绘"功能生成 AI 图片的操作方法。

步骤 01 进入"图片生成"页面，输入 AI 绘画的提示词，设置"比例"为 16 : 9，如图 4-19 所示。

图 4-19 设置"比例"为 16 : 9

步骤 02 单击"立即生成"按钮，即可生成 4 张 AI 图片。为了对第 2 张图片的细节进行重绘，此时在第 2 张 AI 图片上单击"细节重绘"按钮 ，如图 4-20 所示。

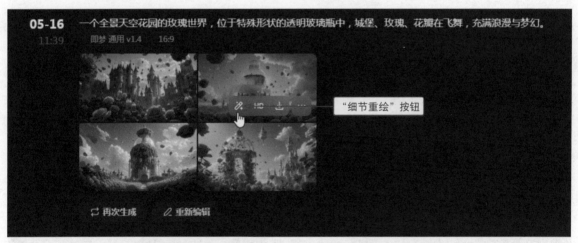

图 4-20 单击"细节重绘"按钮

步骤 03 执行操作后，即可对第 2 张 AI 图片进行细节重绘，此时图片的细节更加清晰、完美、氛围感更强，如图 4-21 所示。

图 4–21　对第 2 张 AI 图片进行细节重绘

4.1.6　生成超清晰的 AI 图片

在即梦平台上，"超清图"的功能是提高生成的 AI 图片的分辨率，可用于增强图片的细节和清晰度，使图片更加锐利，效果如图 4-22 所示。

图 4-22　效果

下面介绍生成超清晰的 AI 图片的操作方法。

步骤 01 进入"图片生成"页面，输入 AI 绘画的提示词，设置"比例"为 16∶9，单击"立即生成"
按钮，即可生成 4 张 AI 图片，如图 4-23 所示。

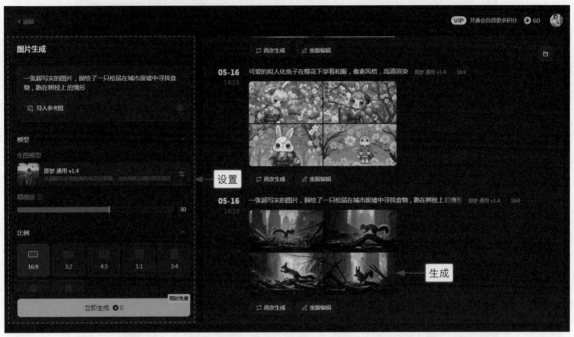

图 4-23　生成 4 张 AI 图片

步骤 02 为了生成超清晰的 AI 图片，此时在第 2 张 AI 图片上单击"超清图"按钮 HD，如图 4-24
所示，该功能使用 AI 算法分析图片并增加其分辨率，同时尽量减少失真和噪点，从而提高
图片的质量。

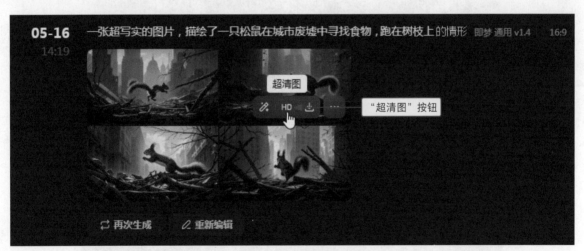

图 4-24　单击"超清图"按钮

步骤 03 执行操作后，即可生成一张超清晰的 AI 图片，图片左上角显示"超清图"字样，如图 4-25
所示。

图 4-25 生成超清晰的 AI 图片

4.1.7 下载生成的 AI 图片

在即梦平台上，单击"下载"按钮，可以将即梦生成的 AI 图片保存到计算机中，效果如图 4-26 所示。

图 4-26 效果

下面介绍下载 AI 图片的操作方法。

步骤 01 进入"图片生成"页面，通过 AI 绘画提示词生成 4 张 AI 图片，单击"超清图"按钮，生成一张超清晰的 AI 图片，在图片上单击"下载"按钮，如图 4-27 所示。

图 4-27 单击"下载"按钮

步骤 02 弹出"新建下载任务"对话框，设置名称与保存位置，单击"下载"按钮，即可下载自己喜欢的 AI 图片，如图 4-28 所示。

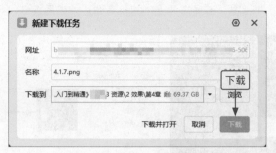

图 4-28　单击"下载"按钮

4.2 以图生图进行AI绘画

在即梦平台上，以图生图技术允许用户上传一张参考图片，AI 会基于这张图片的内容和风格生成新的图片。这种技术结合了图片识别和风格迁移算法，可以创造出与参考图片在视觉风格上相似，但在内容上有所变化或创新的图片。本节主要介绍在即梦平台上以图生图进行 AI 绘画的操作方法。

4.2.1 参考图片主体生成 AI 图片

在即梦的"参考图"功能中，用户可以依据提供的参考图片主体生成 AI 图片。首先，AI 会识别参考图片中的主要对象或视觉焦点，包括人物、动物或物体等；然后，AI 会深入分析参考图片的风格及各项视觉特征，生成新的图片。在生成新图片时，AI 会努力保持参考图片中的主体内容不变，同时对背景或其他元素进行创意变化。原图与效果图对比如图 4-29 所示。

图 4-29　原图与效果图对比

下面介绍依据提供的参考图片主体生成 AI 图片的操作方法。

步骤 01 进入"图片生成"页面，单击"导入参考图"按钮，如图 4-30 所示。

步骤 02 弹出"打开"对话框，选择需要上传的参考图片，如图 4-31 所示。

图 4-30 单击"导入参考图"按钮

图 4-31 选择需要上传的参考图片

步骤 03 单击"打开"按钮，弹出"参考图"对话框，如图 4-32 所示。

步骤 04 选中"主体"单选按钮，AI 会自动识别参考图中的人物主体，并高亮显示人物主体，如图 4-33 所示。

图 4-32 "参考图"对话框

图 4-33 选中"主体"单选按钮

步骤 05 单击"保存"按钮，返回"图片生成"页面，输入框中显示已上传的参考图，输入相应的内容描述，指导 AI 生成理想的图片，如图 4-34 所示。

步骤 06 单击"立即生成"按钮，即可生成 4 张相应的 AI 图片，如图 4-35 所示。通过生成的 AI 图片可以看出，AI 从参考图片中提取了人物主体，并应用到了新图片的生成过程中，生成了在视觉上与人物主体相协调的背景图片。

输入

图 4-34　输入相应的内容描述

图 4-35　生成 4 张相应的 AI 图片

　依据提供的参考图片生成 AI 图片时，AI 模型主要基于深度学习算法，尤其是卷积神经网络，它们能够理解和模拟复杂的图片特征。用户可以通过多次单击"立即生成"按钮，获得同一主体内容但风格略有差异的多个版本的图片。

4.2.2　参考人物长相生成 AI 图片

在即梦的"参考图"功能中，用户可以依据参考图片中的人物长相生成 AI 图片。这是一种以人物肖像为参考主体的 AI 图片生成技术，侧重于分析人物图片的面部特征和风格，以创建新的 AI 图片。参考图与效果图对比如图 4-36 所示。

图 4-36　参考图与效果图对比

通过"人物长相"功能以图生图时，首先，AI 需要识别参考图片中的人脸，包括五官、表情以及面部轮廓；其次，提取参考图片中的人物面部的关键特征，如眼睛的形状、鼻子的轮廓和微笑的弧度等；再次，尝试理解和模拟人物的表情，如微笑、严肃等；最后，AI 进行创造性重构，在生成新图片时，AI 会努力保持参考图片中人物的肖像风格，如写实、卡通或油画效果，对背景、服饰或场景进行创意性的重构。

下面介绍依据提供的参考人物的长相生成 AI 图片的操作方法。

步骤 01 进入"图片生成"页面，单击"导入参考图"按钮，弹出"打开"对话框，选择需要上传的参考图片，如图 4-37 所示。

步骤 02 单击"打开"按钮，弹出"参考图"对话框，选中"人物长相"单选按钮，AI 会自动识别参考图片中的人物长相，如图 4-38 所示。

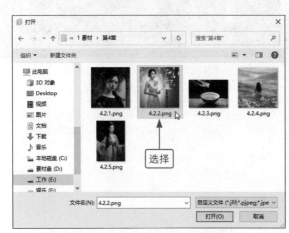

图 4-37 选择需要上传的参考图片

图 4-38 选中"人物长相"单选按钮

步骤 03 单击"保存"按钮，返回"图片生成"页面，输入框中显示已上传的参考图片，输入相应的内容描述，指导 AI 生成理想的图片，如图 4-39 所示。

步骤 04 单击"立即生成"按钮，即可生成 4 张相应的 AI 图片，如图 4-40 所示。通过生成的 AI 图片可以看出，AI 从参考图片中提取了人物长相，并应用到了新图片的生成过程中，生成了具有相同面部特征但风格各异的 AI 图片。

图 4-39 输入相应的内容描述

图 4-40 生成 4 张相应的 AI 图片

4.2.3　参考边缘轮廓生成 AI 图片

在即梦的"参考图"功能中，用户可以依据提供的参考图片的边缘轮廓生成 AI 图片。这种 AI 技术特别关注物体或场景的外形和边界，使用 AI 来识别和复制这些轮廓，并在此基础上生成具有相似轮廓特征的新图片。参考图与效果图对比如图 4-41 所示。

图 4-41　参考图与效果图对比

　运用"边缘轮廓"功能以图生图时，AI 需要分析参考图片中的物体轮廓，识别出物体边缘的走向和形状。在生成新图片时，AI 会努力保持参考图片中物体的轮廓形状，确保新图片中物体的轮廓形状与参考图片相似，生成具有一致视觉风格的新图片。

下面介绍运用"边缘轮廓"功能生成 AI 图片的操作方法。

步骤 01　进入"图片生成"页面，单击"导入参考图"按钮，弹出"打开"对话框，选择需要上传的参考图片，如图 4-42 所示。

步骤 02　单击"打开"按钮，弹出"参考图"对话框，选中"边缘轮廓"单选按钮，AI 会自动识别参考图片中的边缘轮廓，如图 4-43 所示。

图 4-42　选择需要上传的参考图片　　　　图 4-43　选中"边缘轮廓"单选按钮

步骤 03　单击"保存"按钮，返回"图片生成"页面，输入框中显示已上传的参考图，输入相应的内容描述，指导 AI 生成理想的图片，如图 4-44 所示。

步骤 04 单击"立即生成"按钮，即可生成 4 张相应的 AI 图片，如图 4-45 所示。通过生成的 AI
图片可以看出，AI 从参考图片中提取了对象的边缘轮廓，并应用到了新图片的生成过程中，
生成了一系列具有相同边缘轮廓但风格各异的 AI 图片。

图 4-44 输入相应的内容描述

图 4-45 生成 4 张相应的 AI 图片

　　运用"边缘轮廓"功能以图生图时，AI 基于图像处理和机器学习技术，能够理解和模拟复杂的轮廓特
征。在生成图片的过程中，虽然对象的边缘轮廓保持一致，但 AI 在轮廓内部填充了新的内容或图案，以
提供创新的视觉元素。这种技术可用于艺术创作、设计原型、广告制作等多种场景。

4.2.4 参考景深效果生成 AI 图片

　　在即梦的"参考图"功能中，用户可以依据提供的参考图片的景深效果生成 AI 图片。景深是指图片
中看起来清晰的那部分前后延伸的范围，通常与摄影中的光圈、焦距和拍摄距离有关。AI 会分析参考
图片中的景深效果，识别出前景、中景和背景的清晰度变化，确定参考图片中的焦点区域，即视觉上最
为清晰的部分；然后，AI 会将这种效果应用到新的场景或图片中，生成具有相似视觉深度感的新图片。
参考图与效果图对比如图 4-46 所示。

图 4-46 参考图与效果图对比

下面介绍运用"景深"功能生成 AI 图片的操作方法。

步骤 01 进入"图片生成"页面，单击"导入参考图"按钮，弹出"打开"对话框，选择需要上传的参考图片，如图 4-47 所示。

步骤 02 单击"打开"按钮，弹出"参考图"对话框，选中"景深"单选按钮，此时 AI 会自动识别参考图片中的景深效果，如图 4-48 所示。

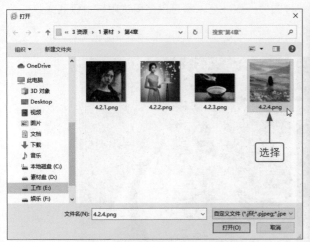
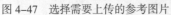

图 4-47 选择需要上传的参考图片

图 4-48 选中"景深"单选按钮

运用"景深"功能以图生图，可用于多种场景，如人像、风景、产品摄影等，以增强图片的立体感和艺术效果。

步骤 03 单击"保存"按钮，返回"图片生成"页面，输入框中显示已上传的参考图，输入相应的内容描述，指导 AI 生成理想的图片，如图 4-49 所示。

步骤 04 单击"立即生成"按钮，即可生成 4 张相应的 AI 图片，如图 4-50 所示。通过生成的 AI 图片可以看出，AI 从参考图片中提取了画面的景深效果，并应用到了新图片的生成过程中，生成了具有相同景深效果但风格各异的 AI 图片。

图 4-49 输入相应的内容描述

图 4-50 生成 4 张相应的 AI 图片

4.2.5　参考人物姿势生成 AI 图片

在即梦的"参考图"功能中，用户可以依据提供的参考人物的姿势生成 AI 图片。首先，AI 会识别参考图片中人物的姿势，包括站姿、坐姿、手势等；然后，AI 会分析参考图片中人物的身体姿态，如倾斜、弯曲或伸展等，以及这些姿态所传达的情感或意图；最后，在生成新图片时，AI 会努力保持参考图片中人物的姿势和姿态，确保新图片中人物的姿势与参考图片一致。艺术家可以使用这项技术探索人物姿势在艺术作品中的表现力。参考图与效果图对比如图 4-51 所示。

图 4-51　参考图与效果图对比

下面介绍运用"人物姿势"功能生成 AI 图片的操作方法。

步骤 01　进入"图片生成"页面，单击"导入参考图"按钮，弹出"打开"对话框，选择需要上传的参考图片，如图 4-52 所示。

步骤 02　单击"打开"按钮，弹出"参考图"对话框，选中"人物姿势"单选按钮，如图 4-53 所示，此时 AI 会自动识别参考图片中的人物姿势。

图 4-52　选择需要上传的参考图片　　　　图 4-53　选中"人物姿势"单选按钮

步骤 03 单击"保存"按钮,返回"图片生成"页面,输入框中显示已上传的参考图,输入相应的内容描述,指导 AI 生成理想的图片,如图 4-54 所示。

图 4-54 输入相应的内容描述

步骤 04 单击"立即生成"按钮,即可生成 4 张相应的 AI 图片,如图 4-55 所示。通过生成的 AI 图片可以看出,AI 从参考图片中提取了人物的姿势,并应用到了新图片的生成过程中,生成了一系列具有相同人物姿势但风格各异的 AI 图片。

图 4-55 生成 4 张相应的 AI 图片

第 5 章　优化：
打造专业的 AI 图片效果

在即梦平台上生成 AI 图片时，我们可以添加相应的关键词来对图片的整体效果进行调整优化，比如优化 AI 图片的画面效果、渲染品质、艺术风格以及构图美感等，以获得最佳的画面效果。本章主要介绍在即梦平台上使用相应提示词和参数指令，打造专业的 AI 图片效果的方法。

5.1 优化AI图片的画面效果

在即梦中生成 AI 图片时，相机指令扮演着至关重要的角色，它是"捕捉瞬间的工具、记录时间的眼睛"。通过在提示词中添加相机指令，可以优化 AI 图片的画面效果，让即梦捕捉到真实世界的精彩瞬间或创造出想象世界的奇幻景象。本节将介绍 AI 绘画常用的相机指令，帮助大家快速创作出高质量的图片。

5.1.1 模拟相机拍摄的真实感

在 AI 绘画过程中，用户可以运用相机型号指令模拟相机拍摄的画面效果，这样的作品可以给观众带来更加真实的视觉体验。在 AI 绘画中添加相机型号指令，能够给用户带来更大的创作空间，让 AI 作品更加多样化、更加精彩。

例如，全画幅相机是一种配备与 35mm 胶片尺寸相当的图像传感器的相机，它的图像传感器尺寸较大（通常为 36mm × 24mm）可以捕捉更多的光线和细节，效果如图 5-1 所示。

图 5-1　模拟全画幅相机生成的图片

这幅 AI 绘画作品使用的提示词如下：

美丽的夏季景观，以绿色的草地、湖泊和白雪皑皑的山脉为背景，阿尔卑斯山自然田园般的浪漫风情，阳光明媚的蓝天，水面上的镜面反射，尼康 D850。

在 AI 绘画中，全画幅相机的提示词有：Nikon D850、Canon EOS 5D Mark IV、Sony α 7R IV、Canon EOS R5、Sony α 9 II 等。注意，这些提示词都是品牌相机型号，无须中文解释，且英文单词的首字母大小写也没有严格要求。

在 AI 绘画中，常用的光圈提示词有：Canon EF 50mm f/1.8 STM、Nikon AF-S NIKKOR 85mm f/1.8G、Sony FE 85mm f/1.8、Zeiss Otus 85mm f/1.4 Apo Planar T*、Canon EF 135mm f/2L USM、Samyang 14mm f/2.8 IF ED UMC Aspherical、Sigma 35mm f/1.4 DG HSM 等。使用这些提示词可以使图片更加清晰，呈现出专业级的 AI 绘画效果。

5.1.2 使用背景虚化突出图片主体

背景虚化（background blur）类似于浅景深，是指需要通过控制光圈大小、焦距和拍摄距离来实现主体清晰而背景模糊的画面效果。背景虚化可以使画面中的背景不再与主体争夺观众的注意力，让主体更加突出，效果如图 5-2 所示。

图 5-2　使用背景虚化生成的图片

这幅 AI 绘画作品使用的提示词如下：

一只可爱的小兔子坐在绿草上，周围是阳光和茂盛的植被，背景以模糊的自然风光为特色，辅以柔和的灯光，营造出一种温暖的氛围，特写镜头详细捕捉到了兔子可爱的表情，这张图片是用佳能 EOS R5 相机拍摄的，带有自然摄影风格的微距镜头。

在 AI 绘画中，常用的背景虚化提示词有背景虚化效果、模糊的背景、点对焦等。

5.1.3 使用相机焦距呈现最佳视角

焦距是指镜头的一个光学属性，表示从镜头中心到成像平面的距离，它会对照片的视角和放大倍率产生影响。例如，35mm 是一种常见的标准焦距，视角接近人眼，适用于生成人像、风景、街拍等 AI 绘画作品，效果如图 5-3 所示。

图 5-3 使用 35mm 焦距生成的照片

这幅 AI 绘画作品使用的提示词如下：

一位长发美女，穿着牛仔裤和彩色上衣，坐在绿色的稻田里，背景是城市建筑，明亮的自然光摄影风格，自然的动作，高细节，Sony FE 35mm F1.8。

在 AI 绘画中，其他常见的焦距提示词有：24mm 焦距（广角焦距），适合广阔的风光摄影、建筑摄影等；50mm 焦距，具有类似人眼视角的特点，适合人像摄影、风光摄影、产品摄影等；85mm 焦距（中长焦距），适合人像摄影，能够产生良好的背景虚化效果，突出主体；200mm 焦距（长焦距），适合野生动物摄影、体育赛事摄影等。

用户在写提示词时，应重点考虑各个提示词的排列顺序，因为前面的提示词会有更高的图像权重，即越靠前的提示词对出图效果的影响越大。

5.2　优化AI图片的渲染品质

通过添加渲染品质的相关提示词，用户可以更好地指导即梦生成符合期望的摄影作品，同时有助于提高 AI 模型的准确率和绘画质量。本节主要介绍一些 AI 绘画的出图品质提示词，帮助大家提升 AI 图片的画质效果。

5.2.1　生成屡获殊荣的 AI 作品

屡获殊荣的摄影作品（Award winning photography）是指在摄影界或相关领域多次获奖的作品，这些作品通常因优秀的摄影技术、艺术表现力或者对主题的深刻表达而备受赞誉和肯定。在 AI 绘画作品的提示词中加入"屡获殊荣的摄影作品"，可以让生成的图片具有高度的艺术性、技术性和视觉冲击力，效果如图 5-4 所示。

图 5-4　在提示词中加入"屡获殊荣的摄影作品"生成的图片

这幅 AI 绘画作品使用的提示词如下：

　　白雪皑皑的山脉，原始的山峰，壮丽的山脉和河流的景色，逼真的风景风格，令人印象深刻的全景图，自然光照，日落时分金色的光，充满活力的颜色，逼真的渲染，超高清图片，屡获殊荣的摄影作品。

在 AI 绘画中，常用来展现屡获殊荣的摄影作品的提示词有：国际级摄影大师、获奖摄影作品、杰出摄影作品、摄影界的标杆之作、备受赞誉的摄影作品、一流摄影艺术、摄影大奖获得者、卓越摄影作品等。

5.2.2 生成专业级的渲染画质

渲染品质通常指的是图片呈现的某种效果，包括清晰度、颜色还原、对比度和阴影细节等，其主要目的是使图片看上去更加真实、生动且自然。在 AI 绘画中，用户也可以使用一些提示词增强图片的渲染品质，提升 AI 绘画作品的艺术感和专业感。

专业级渲染（Professional rendering）可以指导 AI 模型生成具有专业水准的图像效果。生成的图像看起来非常逼真，高清且细节丰富，色彩准确，给人一种真实的感觉。图像中的细节处理也非常精细，无论是纹理、光影还是色彩，都被处理得非常出色。这种图像具有很强的视觉冲击力，能够吸引观看者的眼球，让人印象深刻，效果如图 5-5 所示。

图 5-5　在提示词中加入"专业级渲染"生成的图片

这幅 AI 绘画作品使用的提示词如下：

一只蜗牛在苔藓上爬行，采用夜光效果与微距拍摄技术，紫外线摄影的独特视角，呈现浅棕色和浅琥珀色，采用逼真的明暗对照风格，高质量图片，专业级渲染。

在 AI 绘画中，常用来展现渲染品质的提示词有：专业级渲染、逼真细节、精湛光影、细腻纹理表现、专业级细节处理、完美构图、逼真光影效果、极致清晰度。

5.2.3 生成高细节 / 高品质 / 高分辨率的图片

提示词"高细节 / 高品质 / 高分辨率"（High detail/Hyper quality/High resolution）常用于肖像、风景、商品和建筑等类型的 AI 绘画作品，可以使图片在细节和纹理方面更具表现力和视觉冲击力。

提示词"高细节"能够让图片具有高度细节表现力，可以清晰地呈现物体或人物的各种细节和纹理，如毛发、衣服的纹理等，效果如图 5-6 所示。在真实摄影中，通常需要使用高端相机和镜头拍摄并进行后期处理，才能实现高细节的效果。

图 5-6　在提示词中加入"高细节"生成的图片

这幅 AI 绘画作品使用的提示词如下：

美丽的白额蜂虎鸟在自然栖息地中，使用佳能 R3 相机和 20mm 镜头拍摄，光圈设定为 f/4，图片逼真，高细节，高品质。

提示词"高品质"通过对 AI 绘画作品的明暗对比、白平衡、饱和度和构图等因素进行严密控制，让图片具有超高的质感和清晰度，达到非凡的视觉冲击效果。

提示词"高分辨率"可以为 AI 绘画作品带来更高的锐度、清晰度和精细度，生成更为真实、生动和逼真的画面。

5.2.4 生成 8K 高清晰的 AI 画质

提示词"8K 流畅 /8K 分辨率"（8K smooth/8K resolution）可以让 AI 绘画作品呈现更清晰流畅、真实自然的画面效果，为观众带来更好的视觉体验。

在提示词"8K 流畅"中，8K 表示分辨率高达 7680 像素 × 4320 像素的超高清晰度（注意，AI 模型只是模拟这种效果，实际分辨率可能达不到）；而"流畅"则表示画面更加流畅、自然，不会出现画面抖动或者卡顿等问题，效果如图 5-7 所示。

图 5-7　在提示词中加入"8K 分辨率"生成的图片

这幅 AI 绘画作品使用的提示词如下：

中国宜昌的高层建筑矗立在蓝天背景下，前景是湖，水面上倒映着绿树和现代建筑，构成了如高清摄影捕捉到的美丽景色，真实摄影风格，高质量，8K 分辨率。

在提示词"8K 分辨率"中，8K 的含义与"8K 流畅"中的相同；分辨率则用于再次强调图像的高分辨率效果，从而让画面有较高的细节表现力和视觉冲击力。

5.3　提升AI绘画的艺术风格

艺术风格是指 AI 绘画作品中呈现的独特、个性化的风格和审美表达方式，反映了作者对画面的深刻理解、敏锐感知和精湛表达。本节主要介绍 5 类 AI 绘画的艺术风格，帮助大家更好地塑造审美观，提升图片的品质和表现力。

5.3.1 生成抽象主义风格的图片

抽象主义是一种以形式、色彩为重点的摄影艺术风格，通过结合主体对象和环境中的构成、纹理、线条等元素进行创作，将原来真实的景象转化为抽象的图像，传达出一种突破传统审美框架的新颖审美体验，效果如图 5-8 所示。

图 5-8 抽象主义风格的图片

这幅 AI 绘画作品使用的提示词如下：

　　详细说明沙子上的脚印，通向沙丘中的绿洲，该场景为纯白背景，有柔和的阴影和高光，突出了地下水域附近生长的草或浓密植物等细节，给人一种复古的感觉，让人想起传统的美术版画，这是一幅抽象主义风格的艺术作品，描绘了穿越广袤的沙地，走向大自然怀抱的旅程。

在 AI 绘画中，抽象主义风格的提示词包括鲜艳的色彩、几何形状、抽象图案、运动和流动、纹理和层次等。

5.3.2 生成纪实主义风格的图片

纪实主义是一种展现真实生活、真实情感和真实经验的摄影艺术风格，它更注重如实地描绘大自然和反映现实生活，探索被摄对象所处时代、社会、文化背景下的意义与价值，旨在呈现人们亲身体验并能够产生共鸣的生活场景和情感状态，效果如图 5-9 所示。

图 5-9　纪实主义风格的图片

这幅 AI 绘画作品使用的提示词如下：

一位老人穿着蓝色和深灰色的衣服，在一座木屋内编织竹篮，他留着黑色短发，戴着眼镜，坐在桌子旁，手里拿着薄藤和树叶正在编织大篮子。这是一张纪实主义风格的图片，使用尼康 D850 相机拍摄，具有自然光线和黑色电影美学的风格，展示了传统工艺的复杂细节。

图 5-9 通过提示词"黑色电影美学的风格"呈现出暗角效果，有利于突出老人的面部细节与动作，营造出一种朴素的氛围。

在 AI 绘画中，纪实主义风格的提示词包括真实生活、自然光线与真实场景、超逼真的纹理、精确的细节、逼真的静物、逼真的肖像、逼真的风景等。

5.3.3　生成超现实主义风格的图片

超现实主义是一种挑战常规的摄影艺术风格，追求超越现实，旨在呈现理性和逻辑之外的景象和感受，效果如图 5-10 所示。超现实主义风格倡导通过摄影手段表达非显而易见的想象和情感，强调表现作者的心灵世界和审美态度。

图 5-10　超现实主义风格的图片

> 这幅 AI 绘画作品使用的提示词如下:
>
> 　　一个穿着红色连衣裙的女孩, 仿佛站在云层上方的岛屿顶部, 俯瞰秋天的森林和远处带尖顶的中世纪城堡, 高清晰度, 高分辨率, 自然光, 电影效果, 超逼真, 超现实主义风格。

在 AI 绘画中, 超现实主义风格的提示词包括梦幻般的、超现实的风景、神秘的生物、扭曲的现实、超现实的静态物体等。

5.3.4　生成古典主义风格的图片

古典主义是一种提倡使用传统艺术元素的摄影艺术风格, 注重作品的整体性和平衡感, 追求一种宏大的构图方式和庄重的风格、气魄, 旨在创造出具有艺术张力和现代感的绘画作品, 效果如图 5-11 所示。

图 5-11　古典主义风格的图片

这幅 AI 绘画作品使用的提示词如下：

　　这是一座宏伟的中国传统风格豪宅，深色木板，高高的天花板，豪华的吊灯，室内家具以浓郁的红色为主，营造出奢华的氛围，房间中央悬挂着一幅大型油画，周围环绕着古典绘画和古董雕塑，整体呈现出古典主义风格。

　　在 AI 绘画中，古典主义风格的提示词包括对称、秩序、简洁性、明暗对比等。

5.3.5　生成极简主义风格的图片

　　极简主义是一种强调简洁、减少冗余元素的摄影艺术风格，旨在通过精简的形式和结构来表现事物的本质和内在联系，追求视觉上的简约、干净和平静，让画面更加简洁而有力量感，效果如图 5-12 所示。

图 5-12　极简主义风格的图片

这幅 AI 绘画作品使用的提示词如下：

　　白色墙壁，白色背景，黑色屋瓦，中国古代建筑屋檐上伸出的一根绿色树枝，极简风格，特写镜头，超高清图片，中国古代艺术家风格的极简摄影作品。

　　在 AI 绘画中，极简主义风格的提示词包括简单、简洁的线条、极简色彩、负空间、极简静物等。

5.4 通过构图提升AI图片美感

　　构图是 AI 绘画创作中不可或缺的部分，它通过有意识地安排视觉元素来增强图片的感染力和视觉吸引力。在 AI 绘画中使用构图提示词，能够增强画面的视觉效果，传达出独特的观感和意义。本节主要介绍 4 种极具美感的构图形式。

5.4.1 通过前景构图增强层次感

　　前景构图是指通过前景元素来强化主体的视觉效果，以呈现一种具有视觉冲击力和艺术感的画面效果，如图 5-13 所示。前景通常是指相对靠近镜头的物体，背景则是指位于主体后方且远离镜头的物体或环境。

图 5-13　前景构图效果

这幅 AI 绘画作品使用的提示词如下：

　　一个中国女孩坐在花海中，周围环绕着美丽的风景，前景构图，以五颜六色的小花为前景，使用索尼 FE 35mm 相机拍摄，光圈为 F1.8，唯美的艺术风格，清晰的焦点。

在 AI 绘画中，使用提示词"前景构图"可以丰富画面色彩和层次感，增加图片的丰富度，让画面变得更生动、有趣。在某些情况下，前景构图还可以用来引导视线，更好地吸引观众目光。

5.4.2　通过中心构图突出主题

中心构图是指将主体对象放置在画面的正中央，使其尽可能地处于画面的对称轴上，从而让主体在画面中显得突出和集中，效果如图 5-14 所示。

图 5-14　中心构图效果

这幅 AI 绘画作品使用的提示词如下：

　　桌子上的柳条篮子中有许多白色和粉红色的玫瑰花，美丽极了，中心构图，主体突出，背景是大海和蓝天，高质量和精细的细节。

　　在 AI 绘画中，使用提示词"中心构图"可以有效突出主体的形象和特征，适用于花卉、鸟类、宠物和人像等类型的图片。

5.4.3　通过对称构图呈现倒影效果

　　对称构图是指将被摄对象平分为两个或多个相等的部分，在画面中形成左右对称、上下对称或者对角线对称等不同形式，从而呈现一种平衡和富有美感的画面效果，如图 5-15 所示。

图 5-15　对称构图效果

这幅 AI 绘画作品使用的提示词如下：

　　喜马拉雅山上美丽的日出美景与清澈的海水相映成趣，尼康 D850 拍摄的高分辨率照片，展示了地球上极具标志性的景观之一，令人惊叹的自然美景，高清摄影，详细细节，对称构图。

　　在 AI 绘画中，使用提示词"对称构图"可以呈现一种冷静、稳重、平衡和具有美学价值的对称视觉效果，给人带来视觉上的舒适感和认同感，并强化观看者对画面主体的印象和关注度。

5.4.4　通过斜线构图增强视觉冲击力

　　斜线构图是一种利用对角线或斜线来组织画面元素的构图技巧。通过将线条倾斜放置在画面中，可以带来独特的视觉效果，显得更有动感，效果如图 5-16 所示。

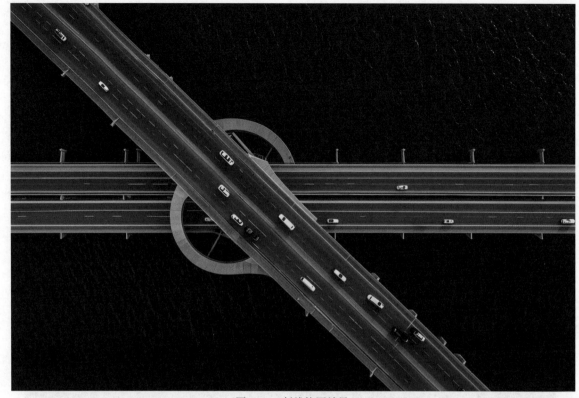

图 5-16 斜线构图效果

这幅 AI 绘画作品使用的提示词如下：

一座桥的鸟瞰图，桥上有汽车，车辆沿着桥行驶，斜线构图，以极简主义和高度详细的风格从上方用航空摄影视角显示，无人机摄影，大场景，看起来超真实、超详细。

在 AI 绘画中，使用提示词"斜线构图"可以在画面中呈现一种自然而流畅的视觉效果，让观看者的目光沿着线条的方向移动，从而引起观看者对画面中特定区域的注意。

第 6 章　创作：
使用智能画布进行二次绘画

即梦平台上的"智能画布"功能使用户能够在一个交互式的画布上进行 AI 创意工作，利用 AI 技术提高图像的创作和编辑效果。即梦提供了一个直观的"智能画布"操作页面，用户可以通过简单的单击和拖动来编辑图像。本章主要介绍使用智能画布进行二次绘画的相关操作技巧。

6.1 AI图片的二次创作技巧

在即梦平台上，"智能画布"功能为用户提供了一个强大且易于使用的图像编辑环境。无论是专业设计师，还是普通用户，都能够轻松地运用"智能画布"功能进行创意编辑和图像的二次创作。本节主要介绍 AI 图片的二次创作技巧。

6.1.1 对图片进行局部重绘操作

在"智能画布"编辑页面，用户可以对图像的特定部分进行重绘，如改变人物的表情、改变画面中的对象或者替换背景元素等，从而实现图片的混合操作，原图与效果图对比如图 6-1 所示。

图 6-1　原图与效果图对比

下面介绍对图片进行局部重绘的操作方法。

步骤 01 打开即梦的官方网站，在"AI 作图"选项区中单击"智能画布"按钮，使用"智能画布"功能进行二次创作，如图 6-2 所示。

步骤 02 执行操作后，进入"智能画布"编辑页面，单击"上传图片"按钮，如图 6-3 所示。

步骤 03 弹出"打开"对话框，选择需要上传的参考图片，如图 6-4 所示。

步骤 04 单击"打开"按钮，将图片上传至"智能画布"编辑页面，在页面中间的预览窗口可以查看上传图片的效果。单击"局部重绘"按钮，可以对上传的图片进行局部重绘操作，如图 6-5 所示。

图 6-2 单击"智能画布"按钮

图 6-3 单击"上传图片"按钮

图 6-4 选择需要上传的参考图片

图 6-5 单击"局部重绘"按钮

步骤 05 弹出"局部重绘"对话框，选择画笔工具 🖌️，如图 6-6 所示，该工具主要用来涂抹画面中需要重绘的区域。

步骤 06 设置画笔大小为 20，如图 6-7 所示，画笔设置得越大，涂抹的区域就越大。

图 6-6　选择画笔工具　　　　　　　　　　图 6-7　设置画笔大小

步骤 07 将鼠标指针移至图片中需要重绘的区域，按住鼠标左键并拖曳，进行适当涂抹，涂抹过的区域呈淡青色，如图 6-8 所示。

步骤 08 在下方的文本框中输入相应的提示词，表示需要重新生成的图片内容，单击"立即生成"按钮，如图 6-9 所示。

图 6-8　在图片上进行适当涂抹　　　　　　图 6-9　单击"立即生成"按钮

步骤 09 执行操作后，即可对图片进行局部重绘操作，在页面中间的预览窗口可以查看局部重绘效果，如图 6-10 所示。

步骤 10 在右侧的"图层"面板中显示了生成的图片记录，选择第 3 张图片缩略图，可以更换局部重绘的效果，如图 6-11 所示。

图 6-10　查看局部重绘效果

图 6-11　更换局部重绘的效果

步骤 11 在"智能画布"编辑页面单击"导出"按钮，弹出"导出设置"对话框，设置"格式"为 PNG，即可将导出的 AI 图片设置为 PNG 格式，如图 6-12 所示。

步骤 12 单击"下载"按钮，弹出"新建下载任务"对话框，设置名称与保存位置，单击"下载"按钮，即可下载 AI 图片，如图 6-13 所示。

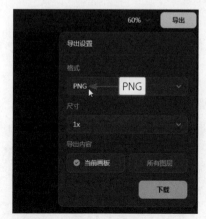

图 6-12　设置"格式"为 PNG

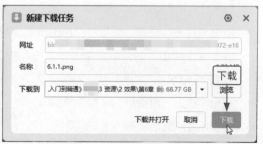

图 6-13　单击"下载"按钮

6.1.2　对图片进行无损扩图操作

在即梦的"智能画布"编辑页面，用户可以扩展图片的画幅，AI 会智能填充新的图片区域，且保持原有风格和内容一致。原图与效果图对比如图 6-14 所示。

图 6-14　原图与效果图对比

下面介绍对图片进行无损扩图的操作方法。

步骤 01　在"AI 作图"选项区中单击"智能画布"按钮，进入"智能画布"编辑页面，单击"上传图片"按钮，如图 6-15 所示。

步骤 02　弹出"打开"对话框，选择需要上传的参考图片，如图 6-16 所示。

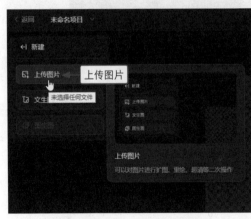

图 6-15　单击"上传图片"按钮　　　　图 6-16　选择需要上传的参考图片

步骤 03　单击"打开"按钮，即可将图片上传至"智能画布"编辑页面，在页面中间的预览窗口可以查看上传图片的效果。单击"扩图"按钮，可以对上传的图片进行无损扩图操作，如图 6-17 所示。

步骤 04　弹出"扩图"对话框，可以设置扩图比例，如图 6-18 所示。

步骤 05　单击图片下方的"2x"按钮，表示对图片进行两倍放大，如图 6-19 所示。

步骤 06　单击"立即生成"按钮，对 AI 图片进行无损扩图操作，如图 6-20 所示。

图 6-17　单击"扩图"按钮

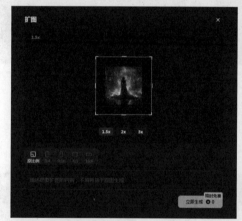

图 6-18　"扩图"对话框

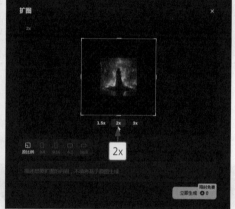

图 6-19　单击"2x"按钮

图 6-20　对 AI 图片进行无损扩图操作

6.1.3 消除图片中不需要的细节

在即梦的"智能画布"编辑页面,用户可利用"消除笔"功能移除或擦除图片中不需要的部分。该功能利用 AI 技术,可以智能地识别并消除图片中的特定元素,同时尽量减少对周围区域的影响。原图与效果图对比如图 6-21 所示。

图 6-21 原图与效果图对比

下面介绍消除图片中不需要的细节的操作方法。

步骤 01 在 "AI 作图"选项区中单击"智能画布"按钮,进入"智能画布"编辑页面,单击"上传图片"按钮,上传图片,单击"消除笔"按钮,如图 6-22 所示。

图 6-22 单击"消除笔"按钮

步骤 02 弹出"消除笔"对话框,选择画笔工具 ,设置画笔大小为 8,使画笔的大小符合绘画需求,如图 6-23 所示。

步骤 03 将鼠标指针移至图片中需要消除的区域，按住鼠标左键并拖曳，进行适当涂抹，涂抹过的区域呈淡青色，如图 6-24 所示。

图 6-23　设置画笔大小为 8　　　　　　　　　　　　　图 6-24　对图片进行适当涂抹

步骤 04 单击"立即生成"按钮，即可消除图片中不需要的细节，如图 6-25 所示。

图 6-25　消除图片中不需要的细节

6.1.4　对图片进行自动抠图处理

在即梦的"智能画布"编辑页面，用户可以利用"抠图"功能对图片进行抠图操作。该功能利用 AI 技术来识别和分离图片中的对象（会自动检测图片中的主要对象，如人物、动物或特定物品），以便用户将这些对象从原始背景中独立出来。该功能在抠图过程中可以保留对象的细节，如头发、羽毛等细微部分。原图与效果图对比如图 6-26 所示。

图 6-26　原图与效果图对比

下面介绍对图片进行自动抠图的操作方法。

步骤 01　在 "AI 作图" 选项区中单击 "智能画布" 按钮，进入 "智能画布" 编辑页面，单击 "上传图片" 按钮，上传图片，单击 "抠图" 按钮，如图 6-27 所示。

图 6-27　单击 "抠图" 按钮

步骤 02　弹出 "抠图" 对话框，AI 会自动识别图片中的主体对象，并进行高亮显示，如图 6-28 所示。

步骤 03　选择橡皮擦工具 ，放大预览窗口，擦除不需要抠取的部分，如图 6-29 所示。

图 6-28　AI 自动识别图片中的主体对象　　　　　　　图 6-29　擦除不需要抠取的部分

步骤 04　单击 "立即生成" 按钮, 即可对图片进行自动抠图处理, 如图 6-30 所示。

图 6-30　对图片进行自动抠图处理

6.2　AI图片的混合操作技巧

　　在即梦平台上, 用户不仅能够对上传的单张图片进行二次创作, 还能在该图片的基础上进行 "以图生图" 和 "以文生图" 的操作, 实现对图片的混合操作, 此外, 平台还支持多图层抠图与合成技术, 使创作的 AI 作品更具吸引力。本节主要介绍 AI 图片的混合操作技巧, 让大家更好地了解即梦的图片编辑功能。

6.2.1 以图生图创作 AI 图片

在即梦的"智能画布"编辑页面，用户可以利用"图生图"功能基于提供的原始图片，生成新的 AI 图片。这些新图片在风格、内容或特定特征上与原图相似或有关联，方便用户对图片进行多图层的合成处理。原图与效果图对比如图 6-31 所示。

图 6-31　原图与效果图对比

下面介绍运用"图生图"功能创作 AI 图片的操作方法。

步骤 01 在"AI 作图"选项区中单击"智能画布"按钮，进入"智能画布"编辑页面，单击"上传图片"按钮，上传一张风光背景的图片，如图 6-32 所示。

图 6-32　上传一张风光背景的图片

步骤 02 用上述相同的方法，再次单击"上传图片"按钮，上传一张汽车图片，如图 6-33 所示。单击"抠图"按钮，对汽车图片进行抠图处理（可参考 6.1.4 节的操作方法）。

步骤 03 单击"图生图"按钮，展开"新建图生图"面板，在"描述词"文本框中输入提示词"一辆蓝色的跑车，炫酷，高端，有质感，高清摄影"，单击"立即生成"按钮，如图 6-34 所示。

步骤 04 以上传的参考图片为基础，重新生成一张 AI 图片，图片的尺寸默认为 1 : 1，如图 6-35 所示。

图 6-33　上传一张汽车图片

图 6-34　单击"立即生成"按钮

图 6-35　重新生成一张 AI 图片

6.2.2 以文生图进行二次创作

在即梦的"智能画布"编辑页面，用户可以上传一张参考图片，在参考图片的基础上以文生图，进行二次创作。原图与效果图对比如图 6-36 所示。

图 6-36 原图与效果图对比

下面介绍在参考图片的基础上以文生图，进行二次创作的操作方法。

步骤 01 在"AI 作图"选项区中单击"智能画布"按钮，进入"智能画布"编辑页面，单击"上传图片"按钮，上传一张图片，如图 6-37 所示。

图 6-37 上传一张图片

步骤 02 单击"文生图"按钮，展开"新建文生图"面板，在"描述词"文本框中输入提示词"一只老鹰在天空中飞翔"，单击"立即生成"按钮，如图 6-38 所示。

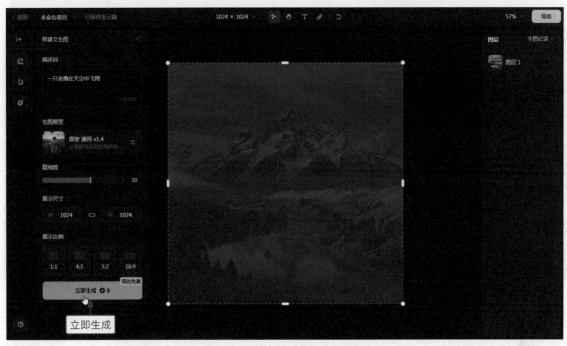

图 6-38　单击"立即生成"按钮

步骤 03 执行操作后，即可生成相应的 AI 图片，在右侧的"图层"面板中显示了"图层 2"的生图记录。选择第 4 张图片缩略图，用户可以更换生成的图片，也可以选择其他较为合适的图片效果，如图 6-39 所示。

图 6-39　更换生成的图片

步骤 04 选择生成的 AI 图片，单击"抠图"按钮，如图 6-40 所示。

步骤 05 弹出"抠图"对话框，AI 自动识别图片中的主体对象，并进行高亮显示，单击"立即生成"
按钮，如图 6-41 所示。

图 6-40 单击"抠图"按钮   图 6-41 单击"立即生成"按钮

步骤 06 执行操作后，即可对 AI 图片进行抠图处理，同时会显示下方图层中的背景图片，如图 6-42
所示。

图 6-42 显示下方图层中的背景图片

步骤 07 拖曳图片四周的控制柄，调整图片的大小和位置，使创作的图片更加美观，如图 6-43
所示。

图 6-43　调整图片的大小和位置

　　与手动抠图相比，自动抠图大大节省了时间，提高了工作效率。抠出的图片可用于多种目的，如广告设计、社交媒体帖子、艺术作品等。即梦生成的抠图通常提供透明的背景选项，方便用户将对象叠加到不同的背景上。

6.2.3　调整 AI 图片的叠放顺序

　　在即梦的"智能画布"编辑页面，位于上方的 AI 图片将下方同一位置的 AI 图片遮掩，此时用户可以调整 AI 图片的叠放顺序，改变整幅图片的显示效果。原图与效果图对比如图 6-44 所示。

图 6-44　原图与效果图对比

下面介绍调整多个图层顺序的操作方法。

步骤 01 在"AI 作图"选项区中单击"智能画布"按钮，进入"智能画布"编辑页面，单击"上传
图片"按钮，上传一张背景图片，如图 6-45 所示。

图 6-45　上传一张背景图片

步骤 02 用上述相同的方法，再次单击"上传图片"按钮，上传一张小狗的图片，此时小狗会显示
在背景图片中，如图 6-46 所示。

图 6-46　上传一张小狗图片

步骤 03 用上述相同的方法，再次单击"上传图片"按钮，上传一张人物图片，此时小狗与人物全
部显示在背景图片中，如图 6-47 所示。

图 6-47　小狗与人物全部显示在背景图片中

在本案例中，上传的小狗与人物图片均为透明背景，因此小狗与人物全部显示在背景图片中。

步骤 04　在预览窗口的图片上，右击鼠标，在弹出的快捷菜单中选择"图层顺序"→"置底"选项，可以将"图层 3"中的人物图片移至底层，此时画布中只显示背景与小狗图片，如图 6-48 所示。

步骤 05　按 Ctrl + Z 组合键，返回上一步操作，在"图层"面板中选择"图层 2"，右击鼠标，在弹出的快捷菜单中选择"图层顺序"→"下移一层"选项，即可将"图层 2"移至"图层 1"下方，如图 6-49 所示。

图 6-48　选择"图层顺序"→"置底"选项

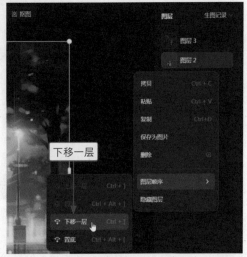

图 6-49　选择"图层顺序"→"下移一层"选项

在图 6-48 所示的"图层顺序"级联菜单中，选择"下移一层"选项，可以将图层下移一层；而"置顶"将处于灰色状态，表示不可用。

步骤 06 画布中只显示人物与背景图片，如图 6-50 所示。该操作可以调整图层中图像的叠放顺序。

图 6-50 画布中只显示人物与背景图片

6.2.4 隐藏与显示图层对象

在即梦的"智能画布"编辑页面，用户可以生成或上传多张 AI 图片，它们会以不同的图层显示在画布中，用户可以根据需要对图层进行隐藏与显示操作，使制作的 AI 作品更加符合要求。原图与效果图对比如图 6-51 所示。

图 6-51 原图与效果图对比

下面介绍隐藏与显示图层对象的操作方法。

步骤 01 在 6.2.3 小节所给案例的基础上，在"图层"面板中选择"图层 1"，右击鼠标，在弹出的快捷菜单中选择"图层顺序"→"置底"选项，将背景图片置底显示，如图 6-52 所示。

步骤 02 执行操作后，可以在预览窗口查看图片的显示效果，如图 6-53 所示。

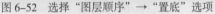

图 6-52 选择"图层顺序"→"置底"选项

图 6-53 查看图片的显示效果

在"智能画布"编辑页面，用户还可以通过以下快捷键调整图层的顺序。
（1）按"Ctrl +]"组合键，可以将图层上移一层。
（2）按"Ctrl + Alt +]"组合键，可以将图层置顶。
（3）按"Ctrl + ["组合键，可以将图层下移一层。
（4）按"Ctrl + Alt + ["组合键，可以将图层置底。

步骤 03 在预览窗口的图片上右击鼠标，在弹出的快捷菜单中选择"隐藏图层"选项，可以隐藏"图层 3"，如图 6-54 所示。

步骤 04 或者在"图层"面板中选择"图层 3"，右击鼠标，在弹出的快捷菜单中选择"隐藏图层"选项，也可以隐藏"图层 3"，如图 6-55 所示。

图 6-54 选择"隐藏图层"选项（1）

图 6-55 选择"隐藏图层"选项（2）

步骤 05 执行上述操作后, 在"图层"面板中, "图层 3"以灰色显示, 表示该图层已被隐藏, 此时在画布中只显示小狗与背景图片, 如图 6-56 所示。

图 6-56　画布中只显示小狗与背景图片

6.2.5　保存与删除图层对象

在即梦的"智能画布"编辑页面, 单独保存某个图层中的对象的操作方法如下。

在"图层"面板中选择需要保存的图层, 右击鼠标, 在弹出的快捷菜单中选择"保存为图片"选项, 如图 6-57 所示。弹出"新建下载任务"对话框, 在其中设置图片的名称与保存位置, 如图 6-58 所示, 单击"下载"按钮, 即可单独保存图层对象。

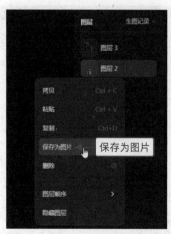
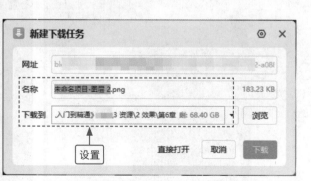

图 6-57　选择"保存为图片"选项　　　图 6-58　设置图片的名称与保存位置

删除某个图层对象的操作方法如下。

在"图层"面板中选择需要删除的图层, 右击鼠标, 在弹出的快捷菜单中选择"删除"选项, 即可删除"图层 2", 如图 6-59 所示。此时"图层"面板中只剩下"图层 3"和"图层 1", 如图 6-60 所示。

图 6-59　选择"删除"选项

图 6-60　"图层"面板中只剩下"图层 3"和"图层 1"

第 7 章　提升：
剪映 AI 绘画技巧

剪映 App 是一款功能非常全面的视频剪辑与绘图创作软件，剪映 App 的 "AI 作图" 功能，通过引入先进的深度学习技术，为用户提供了生成绘画作品的便捷方式，受到了用户广泛的好评。本章主要介绍使用剪映 App 生成 AI 绘画作品的操作方法。

7.1 使用剪映App生成AI作品

虽然剪映 App 主要用于视频编辑，但它也具备 AI 绘画功能，如 AI 作图、AI 商品图、AI 特效等，可以帮助用户生成满意的 AI 绘画作品。本节主要介绍使用剪映 App 生成 AI 绘画作品的操作方法。

7.1.1 安装并打开剪映 App

在使用剪映 App 中的 AI 作图功能之前，需要安装并打开剪映 App，下面介绍具体的操作方法。

步骤 01 打开手机中的应用商店，如图 7-1 所示。

步骤 02 在搜索文本框中输入"剪映"，点击"搜索"按钮，即可搜索到剪映 App，点击剪映 App 右侧的"安装"按钮，如图 7-2 所示，开始下载并自动安装剪映 App。

步骤 03 剪映 App 安装完成后，在手机上会显示剪映 App 的图标，如图 7-3 所示。

图 7-1　打开手机中的应用商店

图 7-2　点击"安装"按钮

图 7-3　剪映 App 的图标

步骤 04 打开剪映 App，进入剪映 App 界面，弹出"个人信息保护指引"对话框，点击"同意"按钮，如图 7-4 所示。

步骤 05 进入剪映 App 的"剪辑"界面，点击右上角的"展开"按钮，如图 7-5 所示。

步骤 06 展开相应面板，显示"AI 作图"功能，如图 7-6 所示。

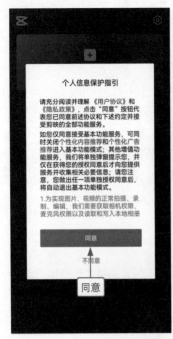
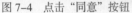

图 7-4 点击"同意"按钮　　图 7-5 点击"展开"按钮　　图 7-6 "AI 作图"功能

剪映 App 中的"AI 作图"功能结合了深度学习和图像处理领域的最新技术，为用户提供了便捷、高效且多样化的图片编辑体验。剪映 App 可以使用抖音账号登录，登录后即可使用其中的"AI 作图"功能，进行 AI 绘画创作。

7.1.2 输入提示词进行 AI 绘画

在使用剪映 App 的"AI 作图"功能时，仅需在文本框中输入相应的提示词，即可进行 AI 绘画，效果如图 7-7 所示。

图 7-7 效果

下面介绍输入提示词进行 AI 绘画的操作方法。

步骤 01 在"剪辑"界面中点击右上角的"展开"按钮，展开相应面板，点击"AI 作图"按钮，如图 7-8 所示。

步骤 02 进入"创作"界面，上方显示了之前已经生成的 AI 作品，点击下方的输入框，如图 7-9 所示。

图 7-8　点击"AI 作图"按钮　　　　　图 7-9　点击输入框

步骤 03 输入相应的提示词，点击"立即生成"按钮，如图 7-10 所示，即可生成相应的 AI 绘画作品。

步骤 04 选择第 2 张图片，点击下方的"超清图"按钮，如图 7-11 所示。

图 7-10　点击"立即生成"按钮　　　　图 7-11　点击"超清图"按钮

步骤 05 执行操作后，即可生成高清图片，点击生成的图片，如图 7-12 所示。

步骤 06 进入相应界面，点击右上角的"导出"按钮，即可导出图片，如图 7-13 所示。

图 7-12 点击生成的图片 　　　　图 7-13 点击"导出"按钮

7.1.3 使用模板作品进行 AI 绘画

在"AI 作图"功能中，有一个"灵感"界面，该界面展示了一系列优秀作品和相应的提示词。这样的设计对用户而言具有多方面的用途和好处，用户可以观察和分析他人的优秀作品，可以学习到不同的艺术风格、构图技巧以及如何有效地使用提示词来引导 AI 生成期望的图像，如图 7-14 所示。对于初学者来说，这无疑是一种快速提高创作能力的方法。

图 7-14 效果

下面介绍使用模板作品进行 AI 绘画的操作方法。

步骤 01 在"剪辑"界面中点击"AI 作图"图标，进入"创作"界面，点击"灵感"按钮，进入"灵感"界面，如图 7-15 所示。

步骤 02 点击"插画"按钮，切换至"插画"选项卡，选择相应的图片模板，点击"做同款"按钮，如图 7-16 所示。

图 7-15　进入"灵感"界面　　　图 7-16　点击"做同款"按钮

　　在 AI 作图过程中，需要注意的是，即使是相同的提示词，剪映 App 每次生成的图片效果也不一样，用户应把更多的精力放在提示词的编写和操作步骤上。

步骤 03 进入"创作"界面，其中显示了模板中的提示词，点击"立即生成"按钮，如图 7-17 所示。

步骤 04 执行操作后，即可生成相应类型的 AI 图片，如图 7-18 所示。

图 7-17　点击"立即生成"按钮　　　图 7-18　生成相应类型的 AI 图片

127

7.1.4 使用 AI 功能更换照片的背景

在剪映 App 中，不仅可以生成全新的 AI 摄影图片，还可以为自己的照片更换背景，如风光背景、海边背景等。素材与效果图对比如图 7-19 所示。

图 7-19 素材与效果图对比

下面介绍使用 AI 功能更换照片背景的操作方法。

步骤 01 在"剪辑"界面中点击"AI 作图"按钮，进入"创作"界面，点击左下角的按钮 ，如图 7-20 所示。

步骤 02 进入"照片视频"界面，选择一张照片，点击"添加"按钮，如图 7-21 所示。

步骤 03 进入"参考图"界面，点击"主体"按钮，如图 7-22 所示。

图 7-20 点击按钮   图 7-21 点击"添加"按钮   图 7-22 点击"主体"按钮

步骤 04 自动选中主体部分，点击"保存"按钮，如图 7-23 所示。

步骤 **05** 进入"创作"界面，在文本框中输入相应的提示词，点击"立即生成"按钮，如图 7-24 所示。

步骤 **06** 执行操作后，即可生成相应的人物背景图片，如图 7-25 所示。

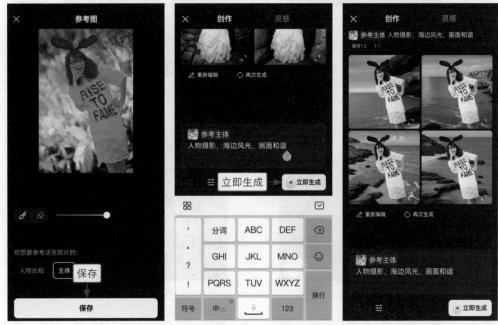

图 7-23 点击"保存"按钮 图 7-24 点击"立即生成"按钮 图 7-25 生成相应的人物背景图片

7.1.5 使用 AI 功能更换服装和场景

对于用户来说，给自己的照片更换服装和场景不仅能带来乐趣，还具有多样化的用途。用户可以将自己的照片变换成不同的风格和场景，或将其用于社交媒体上的个人资料照片。素材与效果图对比如图 7-26 所示。

图 7-26 素材与效果图对比

下面介绍使用 AI 功能更换服装和场景的操作方法。

步骤 **01** 在"剪辑"界面中点击"AI 作图"按钮，进入"创作"界面，点击左下角的按钮，如图 7-27 所示。

步骤 02 进入"照片视频"界面，选择一张照片，点击"添加"按钮，如图 7-28 所示。

图 7-27　点击按钮 　　　　　　　　　图 7-28　点击"添加"按钮

步骤 03 进入"参考图"界面，点击"人物长相"按钮，识别照片中人物的长相，如图 7-29 所示。

步骤 04 点击"保存"按钮，进入"创作"界面，输入相应的提示词，点击"立即生成"按钮，如图 7-30 所示。

步骤 05 执行操作后，即可给照片更换服装和场景，如图 7-31 所示。

图 7-29　点击"人物长相"按钮　　图 7-30　点击"立即生成"按钮　　图 7-31　给照片更换服装和场景

7.2 对AI图片进行二次绘画与精修

目前，剪映 App 中的"AI 作图"功能仍然存在一些局限性。由于 AI 模型依赖于大量的训练数据，如果训练数据中缺乏手指变形的样本，模型可能无法准确地绘制出人物手指的形状。本节主要介绍使用剪映 App 对 AI 图片的局部进行二次绘画与精修的操作方法。

7.2.1 处理人物手部错乱的问题

在使用"AI 绘图"工具时，遇到人物五官不协调或手指形态有误等细节上的问题相对较为常见，这些问题通常是由 AI 模型在处理复杂细节时的局限性引起的。此时，使用剪映 App 可以修正人物手指不自然的问题。素材与效果图对比如图 7-32 所示。

图 7-32　素材与效果图对比

下面介绍处理人物手指不自然的问题的操作方法。

步骤 01 打开剪映 App，进入"剪辑"界面，点击右上角的"展开"按钮，展开相应面板，点击"AI 作图"按钮，进入 AI 作图界面，输入相应的文本内容，点击"立即生成"按钮，即可生成相应的 AI 图片。选择相应图片，生成超清图，此时会出现人物手指不自然的现象，如图 7-33 所示。

步骤 02 点击该图片，即可放大显示图片。点击工具栏中的"局部重绘"按钮，如图 7-34 所示。

步骤 03 弹出"局部重绘"面板，设置画笔的大小为 63，如图 7-35 所示。

图 7-33　生成相应的 AI 图片

图 7-34　点击"局部重绘"按钮

图 7-35　设置画笔的大小

步骤 04 在图片中人物的手指处进行涂抹，表示此处为需要重绘的区域，如图 7-36 所示。

步骤 05 点击下方的输入框，适当修改描述的内容，如图 7-37 所示。

步骤 06 点击"确认"按钮，再点击"立即生成"按钮，如图 7-38 所示。

图 7-36　在人物的手指处进行涂抹

图 7-37　适当修改描述的内容

图 7-38　点击"立即生成"按钮

步骤 07 执行操作后，即可重新生成 AI 图片，此时人物手指正常，如图 7-39 所示。

步骤 08 选择第 2 张 AI 图片，点击"超清图"按钮，如图 7-40 所示。

步骤 09 预览高清图片，点击"下载"按钮，即可下载图片，如图 7-41 所示。

| 图 7-39　重新生成 AI 图片 | 图 7-40　点击"超清图"按钮 | 图 7-41　点击"下载"按钮 |

7.2.2　处理动物嘴部混乱的问题

在剪映 App 中，使用"细节重绘"功能可以自动微调并重新生成动物的嘴部。素材与效果图对比如图 7-42 所示。

图 7-42　素材与效果图对比

下面介绍处理动物嘴部混乱的问题的操作方法。

步骤 01　在"创作"界面，选择一张嘴部有问题的小狗图片，放大图片观察小狗的嘴部，可以看出这只小狗的嘴部不协调，不符合正常的结构，如图 7-43 所示。

步骤 02　点击界面左上角的箭头 ，返回"创作"界面，点击"细节重绘"按钮，如图 7-44 所示。

图 7-43　放大图片观察小狗的嘴部

图 7-44　点击"细节重绘"按钮

步骤 03　执行操作后，即可重新生成小狗图片，图片左上角显示"细节重绘"字样，此时可以发现小狗的嘴部正常了，如图 7-45 所示。

步骤 04　点击小狗图片，即可进行放大显示，点击"导出"按钮，可以导出 AI 图片，如图 7-46 所示。

图 7-45　重新生成小狗图片

图 7-46　点击"导出"按钮

7.2.3　更换人物衣服的颜色

在剪映 App 中，"微调"功能使用了图像分割和颜色替换等技术，可以对图像的局部进行细微的修改或调整，使用户能够在不重新绘制整个图像的情况下，轻松地对局部细节进行修改。素材与效果图对比如图 7-47 所示。

图 7-47　素材与效果图对比

下面介绍更换人物衣服颜色的操作方法。

步骤 01 在"创作"界面选择一张需要更换衣服颜色的人物图片，点击下方的"微调"按钮，如图 7-48 所示。

步骤 02 弹出"微调"面板，在输入框中基于原描述进行适当修改，如图 7-49 所示。

图 7-48　点击"微调"按钮　　　　图 7-49　基于原描述进行适当修改

步骤 03 点击"确认"按钮，即可重新生成 AI 图片，可以看到人物的衣服已经变为粉红色，如图 7-50 所示。

步骤 04 选择第 1 张 AI 图片，点击"超清图"按钮，预览高清图片，效果如图 7-51 所示。

图 7-50 重新生成 AI 图片　　　　　　图 7-51 点击"超清图"按钮

7.2.4 调整 AI 图片的精细程度

在剪映 App 中，"精细度"参数主要用于控制生成图片的质量和精细程度。通常情况下，"精细度"的数值越高，生成的图片质量越好，细节越丰富，同时，也会增加生成图片所需的时间，效果如图 7-52 所示。

图 7-52 效果

下面介绍调整 AI 图片精细程度的操作方法。

步骤 01 进入"创作"界面，在输入框中输入相应的提示词，如图 7-53 所示。

步骤 02 点击下方的按钮 ，弹出"参数调整"面板，设置"精细度"参数为 50，如图 7-54 所示，可以使生成的 AI 图片细节丰富，具有更高的图片质量。

图 7-53 输入提示词

图 7-54 设置"精细度"参数

步骤 03 先点击按钮 ，再点击"立即生成"按钮，即可生成精细度较高的 AI 图片，可以看到图片的细节很丰富，如图 7-55 所示。

步骤 04 选择第 4 张 AI 图片，点击"超清图"按钮，预览高清图片，效果如图 7-56 所示。

图 7-55 生成精细度较高的 AI 图片

图 7-56 点击"超清图"按钮

7.2.5　扩展 AI 图片四周的区域

在剪映 App 中，"扩图"功能可以基于现有图片生成更多的内容。这一技术借助 AI 分析图片的风格、内容和结构，并在此基础上创造性地扩展图片，使图片包含更多场景或细节，从而让图片更加丰富和吸引人，增强观赏性和沉浸感。素材与效果图对比如图 7-57 所示。

图 7-57　素材与效果图对比

下面介绍扩展 AI 图片四周区域的操作方法。

步骤 01　进入"创作"界面，点击一张需要扩展的江南风景图片，如图 7-58 所示。

步骤 02　执行操作后，进入相应界面，点击下方的"扩图"按钮，如图 7-59 所示。

图 7-58　点击一张需要扩展的图片　　　　图 7-59　点击"扩图"按钮

步骤 03 执行操作后，弹出"扩图"面板，将"等比扩图"设置为 2x，表示将图片扩大两倍，如图 7-60 所示。

步骤 04 在下方的输入框中输入扩图后的内容要求，如图 7-61 所示。

图 7-60　将"等比扩图"设置为 2x　　　　图 7-61　输入扩图后的内容要求

步骤 05 先点击"确认"按钮，再点击"立即生成"按钮，即可重新生成相应图片，可以看到图片被扩大了两倍，展现了更多的场景和细节，如图 7-62 所示。

步骤 06 选择第 1 张 AI 图片，点击"超清图"按钮，预览高清图片，如图 7-63 所示。

图 7-62　重新生成相应图片　　　　　　　图 7-63　点击"超清图"按钮

7.2.6　调整图片的饱和度与色彩

　　色彩鲜艳、丰富的 AI 图片更具吸引力，能够更好地吸引观看者的注意力。通过增加图片的饱和度并调整画面的色彩，可以使图片的颜色更生动，从而增强图片的视觉吸引力。素材与效果图对比如图 7-64 所示。

图 7-64　素材与效果图对比

下面介绍调整图片饱和度与色彩的操作方法。

步骤 01　进入"创作"界面，点击一张需要调整饱和度的 AI 图片，如图 7-65 所示。

步骤 02　执行操作后，进入相应界面，点击"编辑更多"按钮，如图 7-66 所示。

步骤 03　进入相应界面，点击"调节"按钮，如图 7-67 所示。

图 7-65　点击一张需要调整饱和度　　图 7-66　点击"编辑更多"按钮　　图 7-67　点击"调节"按钮
　　　　　　的 AI 图片

步骤 04 弹出"调节"面板，设置"光感"参数为 20，稍微调亮画面，如图 7-68 所示。

步骤 05 设置"亮度"参数为 9，适当提亮画面，显示更多细节，如图 7-69 所示。

步骤 06 设置"对比度"参数为 28，增强画面的对比度，如图 7-70 所示。

图 7-68 设置"光感"参数　　图 7-69 设置"亮度"参数　　图 7-70 设置"对比度"参数

步骤 07 设置"饱和度"参数为 32，增强画面的色彩，使图片更加鲜艳，如图 7-71 所示。

步骤 08 设置"自然饱和度"参数为 20，再次增强图片的色彩，点击右侧的按钮✅，完成 AI 图片的调整，如图 7-72 所示。

图 7-71 设置"饱和度"参数　　图 7-72 设置"自然饱和度"参数

7.2.7　制作图片的磨砂质感效果

磨砂质感效果是一种具有光滑、柔和、细腻的外观和触感的图片处理效果，可以使图片看起来仿佛覆盖了一层细腻的磨砂材质，给人一种柔和、温暖的感觉。这种效果通常用来美化图片或设计作品，增加其视觉吸引力和质感。素材与效果图对比如图 7-73 所示。

图 7-73　素材与效果图对比

下面介绍制作图片磨砂质感效果的操作方法。

步骤 01　进入"创作"界面，点击一张需要调整的 AI 图片，进入相应界面，点击"编辑更多"按钮，进入相应界面，点击"调节"按钮，如图 7-74 所示。

步骤 02　弹出"调节"面板，设置"纹理"参数为 100，增强图片的纹理细节，使其具有磨砂质感，如图 7-75 所示。

图 7-74　点击"调节"按钮

图 7-75　设置"纹理"参数

步骤 03　设置"颗粒"参数为 12，增强图片的颗粒效果，使其更加明显和粗糙，更具有纹理和层次感，如图 7-76 所示。

步骤 04 设置"对比度"参数为 30，提升画面的视觉效果，点击右侧的按钮✅，即可完成操作，如图 7-77 所示。

图 7-76 设置"颗粒"参数　　　　图 7-77 设置"对比度"参数

7.2.8 为图片应用滤镜效果

滤镜效果可以为图片增添一份艺术性和独特性，使其更具吸引力和观赏性。这些高级感的滤镜效果通常模拟了传统艺术媒介（如油画、水彩画等）的效果，或者模拟了特殊的摄影技术，从而为图片赋予了新的视觉体验。素材与效果图对比如图 7-78 所示。

图 7-78 素材与效果图对比

下面介绍为图片应用滤镜效果的操作方法。

步骤 01 进入"创作"界面，点击一张需要调整的 AI 图片，进入相应界面，然后点击"编辑更多"按钮，进入相应界面，点击"滤镜"按钮，如图 7-79 所示。

步骤 02 弹出相应面板，其中显示了多种滤镜效果，在"热门"选项卡中选择"古早记忆"选项，
使图片呈现一种复古、怀旧的视觉效果，如图 7-80 所示。

图 7-79 点击"滤镜"按钮 　　　　　图 7-80 选择"古早记忆"选项

步骤 03 在"热门"选项卡中选择"冷白皮"选项，对人物的肤色进行调整，使其呈现冷蓝或清爽
的外观，如图 7-81 所示。

步骤 04 滤镜添加完成后，先点击右侧的按钮✅，再点击"导出"按钮，如图 7-82 所示，即可完
成操作。

图 7-81 选择"冷白皮"选项 　　　　　图 7-82 点击"导出"按钮

第 8 章　视频：
文生视频 + 图生视频技术

在即梦中，文本生视频和图片生视频是两种基于 AI 技术
的视频生成技术，它们允许用户以不同的方式创造视频内容。
两种技术都依赖先进的 AI 算法，包括深度学习和机器学习。
制作的 AI 视频可以用于广告、社交媒体、教育、娱乐等多种
应用场景。本章主要介绍文本生视频与图片生视频的相关操作
方法。

8.1 以文本生视频的操作

在即梦平台上，文本生视频技术允许用户输入文本描述生成 AI 视频。用户提供场景、动作、人物、情感等文本信息，AI 将根据这些描述自动生成相应的视频。本节主要介绍以文本生视频的操作方法。

8.1.1 输入提示词生成视频

在即梦平台上，用户通过文本描述来引导 AI 进行视频内容的创作，AI 将解析这些描述并将其转化为视觉元素。通过文本描述生成的视频画面效果如图 8-1 所示。

下面介绍输入文本描述词生成视频的操作方法。

步骤 01 打开即梦官方网站，在"AI 视频"选项区中单击"视频生成"

图 8-1 视频画面效果

按钮，如图 8-2 所示，使用"视频生成"功能进行 AI 创作。

图 8-2 单击"视频生成"按钮

步骤 02 执行操作后，进入"视频生成"页面，左侧为内容设置区域，右侧为效果欣赏区域，如图 8-3 所示。

图 8-3 "视频生成"页面

步骤 03 选择"文本生视频"选项卡，在文本框中输入视频描述内容，如图 8-4 所示。

图 8-4 输入视频描述内容

步骤 04 单击"生成视频"按钮，AI 开始解析视频描述内容并将其转化为视觉元素，在页面中，显示了视频生成进度，如图 8-5 所示。

图 8-5　视频生成进度

步骤 05　视频生成完成后，显示视频的画面效果，如图 8-6 所示。将鼠标指针移至视频画面上，即可自动播放 AI 视频。

图 8-6　生成视频的画面效果

8.1.2　设置视频画面的运镜类型

在视频制作和电影术语中，运镜指的是摄像机在拍摄过程中所采用的移动方式，它对视频的视觉叙事和情感表达有重要的影响。在即梦平台上，设置运镜类型可以为生成的视频添加动态和深度效果，提高观众的观看体验，效果如图 8-7 所示。

图 8-7　效果

下面介绍设置视频画面运镜类型的操作方法。

步骤 01 在"AI 创作"选项区中单击"视频生成"按钮，如图 8-8 所示。

图 8-8　单击"视频生成"按钮

步骤 02 执行操作后，进入"视频生成"页面，选择"文本生视频"选项卡，在文本框中输入视频描述内容，如图 8-9 所示。

步骤 03 在"运镜控制"选项区中单击"运镜类型"下拉按钮，在弹出的列表框中选择"推近"选项，如图 8-10 所示，使视频画面慢慢放大。

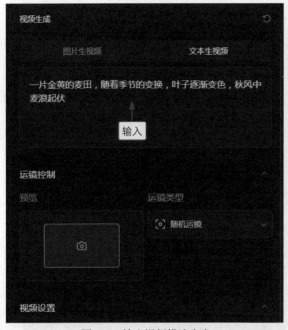

图 8-9　输入视频描述内容

图 8-10　选择"推近"选项

步骤 04 单击"生成视频"按钮，AI 开始解析视频描述内容并将其转化为视觉元素。待视频生成完成后，显示视频的画面效果，如图 8-11 所示。将鼠标指针移至视频画面上，即可自动播放 AI 视频。

图 8-11　生成视频的画面效果

　目前，即梦每天会给账户赠送 60 积分，生成一个视频需要花 12 积分，如果开通会员，可以获得更多的积分。

8.1.3　设置视频画面的显示比例

在即梦平台上，视频比例可以影响画面的视觉平衡和构图，用户需要根据内容和设计目标选择最合适的视频比例。即梦提供了多种比例模板供用户选择，帮助用户快速获得想要的视频比例，效果如图 8-12 所示。

图 8-12　效果

下面介绍设置视频画面显示比例的操作方法。

步骤 01 进入"视频生成"页面，选择"文本生视频"选项卡，在文本框中输入视频描述内容，如图 8-13 所示。

步骤 02 在"运镜类型"列表框中选择"拉远"选项，使视频画面慢慢缩小，展示更多的背景和环境，如图 8-14 所示。

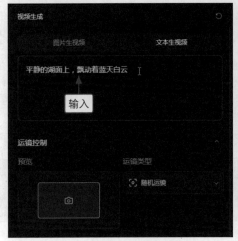

图 8-13　输入视频描述内容

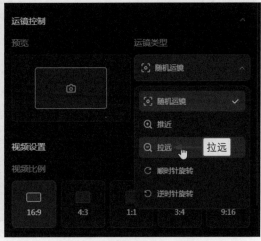

图 8-14　选择"拉远"选项

步骤 03 在"视频设置"选项区的"视频比例"中选择 1：1 选项，如图 8-15 所示。1：1 视频比例是一种宽度和高度相等的视频尺寸，这种比例的视频在视觉上呈现为正方形，特别适合移动设备和社交媒体平台。

步骤 04 视频比例设置完成后，单击"生成视频"按钮，即可生成相应的视频，如图 8-16 所示。将鼠标指针移至视频画面上，即可自动播放 AI 视频。

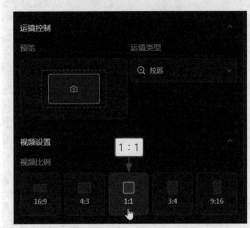

图 8-15　选择 1：1 选项

图 8-16　生成相应的视频

8.1.4　设置视频画面的运动速度

在即梦平台生成 AI 视频时，"运动速度"是一个重要的选项，它允许用户控制视频中动作和场景变换的速度，效果如图 8-17 所示。

图 8-17　效果

下面介绍设置视频画面运动速度的操作方法。

<u>步骤 01</u>　进入"视频生成"页面，选择"文本生视频"选项卡，在文本框中输入视频描述内容，如图 8-18 所示。

<u>步骤 02</u>　在"运镜类型"列表框中选择"推近"选项，使视频画面慢慢放大，让主体越来越近，同时背景慢慢后退，如图 8-19 所示。

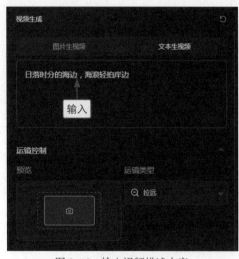

图 8-18　输入视频描述内容

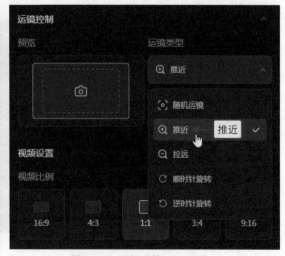

图 8-19　选择"推近"选项

<u>步骤 03</u>　在"视频设置"选项区的"视频比例"中选择 3∶4 选项，如图 8-20 所示，这是一种传统的视频比例，这种比例的视频在视觉上呈现为纵向的矩形。

<u>步骤 04</u>　设置"运动速度"为"快速"，如图 8-21 所示，视频画面会快速播放。

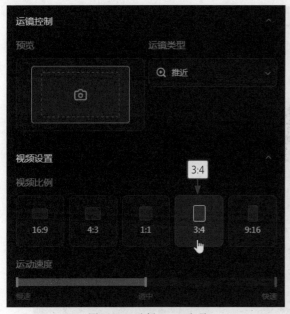

图 8-20　选择 3 : 4 选项

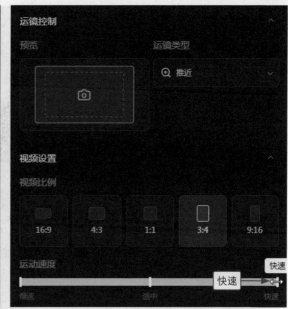

图 8-21　设置"运动速度"为"快速"

步骤 05　单击"生成视频"按钮，AI 开始解析视频描述内容并将其转化为视觉元素，在页面中，会显示视频生成进度，如图 8-22 所示。

步骤 06　待视频生成完成后，显示视频的画面效果，如图 8-23 所示。将鼠标指针移至视频画面上，即可自动播放 AI 视频。

图 8-22　显示视频生成进度

图 8-23　显示视频的画面效果

8.1.5　收藏与下载视频

在即梦平台上，用户可以收藏生成效果比较好的视频，方便以后查找与调用。选中"仅看收藏"单选按钮，将只显示用户收藏的视频内容，这样即可在众多的视频中快速找到自己喜欢的视频，如图 8-24所示。

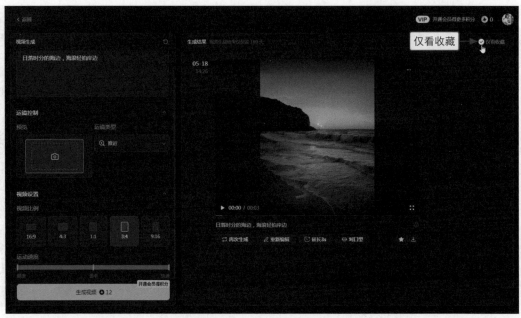

图 8-24 选中"仅看收藏"单选按钮

收藏视频的方法如下：在生成的视频预览图下方，单击"收藏"按钮⭐，即可收藏喜欢的视频，如图 8-25 所示。

用户可以根据需要对生成的视频进行下载操作，方法如下：在生成的视频预览图下方，单击"下载"按钮⬇，即可下载视频，如图 8-26 所示。

图 8-25 单击"收藏"按钮

图 8-26 单击"下载"按钮

8.2 以图片生视频的操作

在即梦平台上，图片生视频技术是基于用户提供的一张或多张图片来生成视频。用户上传图片后，AI 既可以分析上传图片的内容、构图和风格，为静态图片添加动态效果，如运动、变化或动画，还可以根据单张图片扩展场景，生成更丰富的视频内容。本节主要介绍以图片生视频的操作方法。

8.2.1　上传图片生成视频

　　用户上传图片后，AI 会根据图片的内容生成动态效果，生成的视频风格与原始图片一致，以确保视觉上的连贯性，效果如图 8-27 所示。

图 8-27　效果

下面介绍上传图片生成视频的操作方法。

步骤 01　进入"视频生成"页面，在"图片生视频"选项卡中单击"上传图片"按钮，如图 8-28 所示。

步骤 02　弹出"打开"对话框，用户可以根据需要选择相应的图片，如图 8-29 所示。

图 8-28　单击"上传图片"按钮　　　　　　图 8-29　选择相应的图片

步骤 03　单击"打开"按钮，即可将图片上传至"视频生成"页面，如图 8-30 所示。

步骤 04　在"运镜类型"列表框中，选择"推近"选项，使视频画面慢慢放大，如图 8-31 所示。

图 8-30　将图片上传至"视频生成"页面

图 8-31　选择"推近"选项

步骤 05 单击"生成视频"按钮，AI 开始解析图片内容并根据图片内容生成动态效果。待视频生成完成后，显示视频的画面效果，如图 8-32 所示。将鼠标指针移至视频画面上，即可自动播放 AI 视频。

图 8-32　显示视频的画面效果

在"图片生视频"选项卡中，用户无法单独设置视频的生成比例，AI 将根据用户上传的图片比例决定视频的比例。用户可以在图片编辑工具中先对图片进行相应裁剪，使图片的比例符合要求，这样生成的视频比例即可达标。

8.2.2 再次生成同类型的视频

在即梦平台上，当用户利用图片生成视频后，如果对生成的视频不满意，可以单击"再次生成"按钮来重新生成相应的视频，该功能可以快速让 AI 根据用户之前上传的图片再次进行视频创作，效果如图 8-33 所示。

图 8-33 效果

下面介绍再次生成同类型视频的操作方法。

步骤 01 进入"视频生成"页面，在"图片生视频"选项卡中单击"上传图片"按钮，如图 8-34 所示。

步骤 02 弹出"打开"对话框，选择需要上传的图片，单击"打开"按钮，即可将图片上传至"视频生成"页面，如图 8-35 所示。

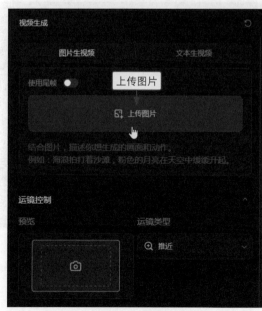

图 8-34 单击"上传图片"按钮   图 8-35 将图片上传至"视频生成"页面

步骤 03 在上传的图片下方输入视频提示词，引导 AI 生成用户想要的视频画面和动作，如图 8-36 所示。

步骤 04 在"运镜类型"列表框中，选择"随机运镜"选项，让 AI 随机选择一种运镜类型，如图 8-37 所示。

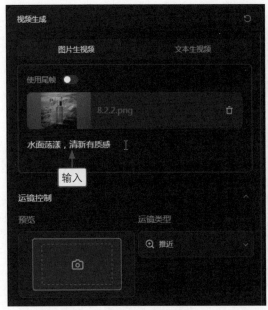

图 8-36　输入视频提示词　　　　　　　图 8-37　选择"随机运镜"选项

步骤 05 单击"生成视频"按钮，AI 开始解析图片与提示词内容并生成相应的动态效果。待视频生成完成后，显示视频的画面效果。将鼠标指针移至视频画面上，即可自动播放 AI 视频，如图 8-38 所示。

步骤 06 如果用户对该视频不满意，单击"再次生成"按钮，可以再次生成视频，如图 8-39 所示。

图 8-38　自动播放 AI 视频　　　　　　　图 8-39　单击"再次生成"按钮

步骤 07 执行操作后，即可再次生成相应的视频。待视频生成完成后，显示重新生成的视频画面效果，如图 8-40 所示。

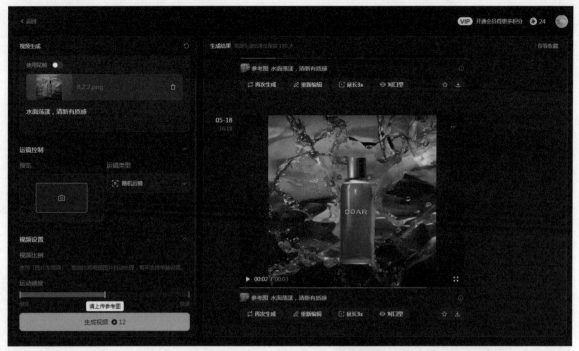

图 8-40　显示重新生成的视频画面效果

8.2.3　使用首帧与尾帧生成视频

在即梦平台上，使用首帧与尾帧生成视频是一种基于关键帧的动画技术，该技术通常用于动画制作和视频生成领域。这种方法允许用户定义视频的起始状态（首帧）和结束状态（尾帧），AI 会在这两个关键帧之间自动生成中间帧，从而创造出流畅的动画效果，如图 8-41 所示。

图 8-41　效果

下面介绍使用首帧与尾帧生成视频的操作方法。

步骤 01 进入"视频生成"页面，在"图片生视频"选项卡中开启"使用尾帧"功能，如图 8-42 所示。

步骤 02 单击"上传首帧图片"按钮，弹出"打开"对话框，选择首帧图片，如图 8-43 所示。

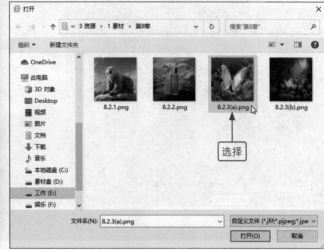

图 8-42 开启"使用尾帧"功能　　　　　　　　图 8-43 选择首帧图片

步骤 03 单击"打开"按钮，即可上传首帧图片，如图 8-44 所示。

步骤 04 单击"上传尾帧图片"按钮，弹出"打开"对话框，选择尾帧图片，如图 8-45 所示。

图 8-44 上传首帧图片　　　　　　　　图 8-45 选择尾帧图片

步骤 05 单击"打开"按钮，即可上传尾帧图片。然后单击"生成视频"按钮，如图 8-46 所示。

步骤 06 执行操作后，即可通过首帧与尾帧生成相应的视频，如图 8-47 所示。

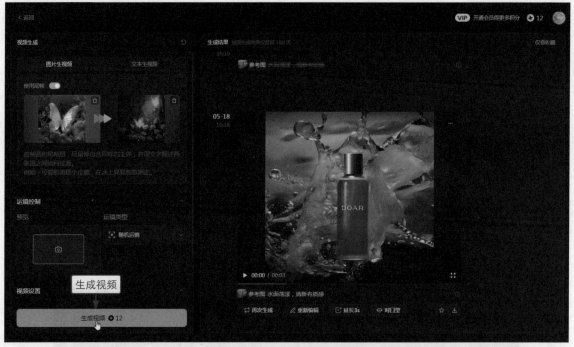

图 8-46　单击"生成视频"按钮

图 8-47　通过首帧与尾帧生成相应的视频

8.2.4　对视频画面进行重新编辑

如果用户对生成的视频画面不满意，可以通过"重新编辑"功能对视频画面进行重新编辑，修改提示词描述或者重新设置运镜类型，使生成的视频更加符合用户要求，效果如图 8-48 所示。

图 8-48　效果

下面介绍对视频画面进行重新编辑的操作方法。

步骤 01　进入"视频生成"页面，在"图片生视频"选项卡中单击"上传图片"按钮，上传一张图片选择"运镜类型"为"推近"，单击"生成视频"按钮，如图 8-49 所示。

图 8-49　单击"生成视频"按钮

步骤 02　执行操作后，AI 开始解析图片内容并生成相应的动态效果，在页面中，显示视频生成进度，如图 8-50 所示。

步骤 03　待视频生成完成后，显示视频的画面效果。将鼠标指针移至视频画面上，即可自动播放 AI 视频。如果用户对视频不满意，可以单击"重新编辑"按钮，如图 8-51 所示。

步骤 04　在"图片生视频"选项卡中，输入相应的提示词，使生成的视频更加符合用户的要求，如图 8-52 所示。

步骤 05　在"运镜类型"列表框中，选择"拉远"选项，使视频画面慢慢缩小，展示更多的背景和环境，如图 8-53 所示。

步骤 06　单击"生成视频"按钮，AI 开始解析图片与提示词内容并重新生成相应的视频，如图 8-54 所示。

图 8-50　显示视频生成进度

图 8-51　单击"重新编辑"按钮

图 8-52　输入相应的提示词

图 8-53　选择"拉远"选项

图 8-54　重新生成相应的视频

步骤 07 如果用户对视频满意，即可对视频进行保存操作。在视频上右击鼠标，在弹出的快捷菜单中选择"视频另存为"选项，即可对视频进行保存操作，如图 8-55 所示。

图 8-55 选择"视频另存为"选项

8.2.5 将视频的时间延长 3s

在即梦平台上，如果用户需要延长视频的时间，需要订阅即梦会员。订阅即梦会员后，用户可以享受更多的权益，可以将视频的时间延长 3s，效果如图 8-56 所示。

图 8-56 效果

下面介绍将视频的时间延长 3s 的操作方法。

步骤 01 进入"视频生成"页面，通过前面介绍的方法，上传一张图片，输入提示词"荷花在风中摇曳"，选择"运镜类型"为"推近"，如图 8-57 所示。

步骤 02 单击"生成视频"按钮，即可生成一段相应的视频，单击视频下方的"延长 3s"按钮，如图 8-58 所示。

图 8-57 选择运镜类型   图 8-58 单击 "延长 3s" 按钮

步骤 03 执行操作后, 即可生成 6s 的 AI 视频, 并显示视频生成进度, 如图 8-59 所示。

步骤 04 稍等片刻, 待视频生成后, 将鼠标指针移至视频画面上, 即可预览视频, 如图 8-60 所示。

图 8-59 显示视频生成进度

图 8-60 预览视频

8.2.6 通过对口型制作动画视频

在即梦平台开通会员后, 用户可以使用 "对口型" 功能。该功能允许用户将预先录制的音频与视频中的角色或人物的口型进行精准匹配, 使角色看起来像在同步说话。这种技术广泛应用于电影制作、动画制作、视频游戏和虚拟偶像等领域, 可以为用户提供更加逼真和吸引人的观看体验, 效果如图 8-61 所示。

下面介绍通过对口型制作动画视频的操作方法。

步骤 01 进入 "视频生成" 页面, 通过前面介绍的方法, 上传一张图片, 输入相应提示词, 单击 "生成视频" 按钮, 生成一段 AI 人像视频。通过 "延长 3s" 功能将视频延长至 6s, 单击视频下方的 "对口型" 按钮, 如图 8-62 所示。

步骤 02 进入 "AI 对口型" 页面, 在 "文本朗读" 文本框中输入相应的文本内容, 如图 8-63 所示。

图 8-61　效果欣赏

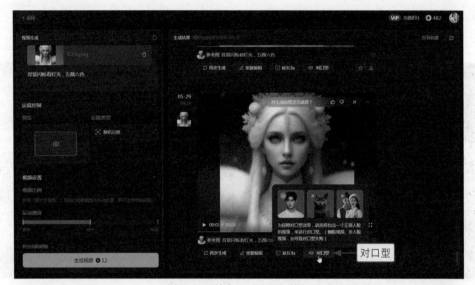

图 8-62　单击"对口型"按钮

图 8-63　输入相应的文本内容

步骤 03 在"朗读音色"选项区中选择"中年"选项卡，选择"温柔阿姨"音色效果，如图 8-64 所示。

图 8-64 选择"温柔阿姨"音色效果

步骤 04 单击"对口型"按钮，即可为视频中的人物生成相应的音色，并与人物的口型进行匹配。 视频长度会随着配音的长度自动调整，重新生成视频，如图 8-65 所示。

图 8-65 为视频中的人物生成相应的音色

第 9 章 高级：
提升 AI 视频的生成效果

在 AI 视频的广阔天地中，想要提升 AI 视频的生成效果，一个精心构建的提示词库是必不可少。提示词库不仅为用户提供了明确的指导，还是确保视频内容质量、风格一致性的关键所在。本章将深入探讨如何构建这样一个提示词库，让用户能够更有效地与即梦 AI 模型进行沟通，指导它创造出符合期望的 AI 视频。

9.1 AI视频提示词的编写技巧

通过不断地尝试、调整和优化视频提示词，用户可以逐渐发现哪些文本指令更有效，哪些文本指令更能激发即梦 AI 模型的创造力。本节主要介绍视频提示词的编写技巧，包括编写 AI 视频提示词的建议、顺序以及注意事项等。

9.1.1 编写 AI 视频提示词的建议

在即梦 AI 模型中，编写恰当的提示词对于生成理想的视频至关重要。图 9-1 给出了编写 AI 视频提示词的建议，可以帮助用户编写出更具影响力的提示词。

图 9-1　编写 AI 视频提示词的建议

　　例如，如果想生成一段关于生日蛋糕的视频，提示词可以这样写：一个巧克力生日蛋糕，上面有粉红色的奶油和点燃的蜡烛，在黑暗的背景下，闪闪发光，画面具有宁静的氛围感。在这段提示词中，目标主体明确，讲述的是一个巧克力生日蛋糕，蛋糕上面的装饰元素也描述到位，场景和环境也进行了描述，这样生成的视频会比较理想，如图 9-2 所示。

图 9-2　效果

9.1.2　编写 AI 视频提示词的顺序

　　在使用即梦生成视频时，提示词的编写顺序对最终生成的视频效果具有显著影响。虽然没有绝对固定的规则，但下面这些建议可以帮助用户更有效地组织提示词，以便得到理想的视频。

❶ 突出主要元素：在编写提示词时，要明确并描述画面的主题或核心元素，模型通常会优先关注提示词序列中的初始部分，因此将主要元素放在前面可以增加其权重。例如，某视频主题是"参观一个艺术画廊"，则建议使用"参观"作为起始词，模型将理解场景应该设定在室内，并且具有艺术画廊的氛围和布局。

❷ 定义风格和氛围：在确定了主要元素后，添加描述整体感觉或风格的词汇，可以帮助模型更好地把握画面的整体氛围和风格基调。如果用户没有明确的视频风格，那么这一步可以跳过。

❸ 细化具体细节：在明确了主要元素和整体风格后，继续添加更具体的细节描述，能够进一步指导模型渲染出更丰富的画面特征。例如，在"参观一个艺术画廊"这个提示词的基础上，加入"里面有许多不同风格的艺术作品"，这样模型能够更好地捕捉和呈现艺术画廊内的艺术作品及其氛围，使观众仿佛身临其境地参观艺术画廊，欣赏不同风格的艺术作品。示例效果如图 9-3 所示。

图 9-3　艺术画廊的视频画面效果

❹ 补充次要元素：可以添加一些次要元素或对视频整体影响较小的文本描述，这些元素虽然不是画面的焦点，但可以增加视频的层次感和丰富性。

　　编写视频画面提示词是一个需要综合考虑多个因素的过程。通过细心规划和丰富创意，可以制作出既吸引人又有效的视频。

9.1.3　编写 AI 视频提示词的事项

掌握了提示词的编排顺序后，下面这些注意事项可以帮助用户进一步优化提示词的生成效果。

❶ 简洁精确：虽然详细的提示词有助于指导模型，但过于冗长的提示词可能会导致模型混淆。因此应尽量保持提示词简洁而精确。

❷ 平衡全局与关键细节: 在描述具体细节时, 不要忽视整体概念, 确保提示词既展现全局视角, 又包含关键细节。

❸ 发挥创意: 使用比喻和象征性语言可以激发模型的创意, 生成独特的视频, 如 "时间的河流、历史的涟漪"。

❹ 合理运用专业术语: 若用户对某领域有深入了解, 可以运用相关专业术语以获得更专业的结果, 如 "巴洛克式建筑、精致的雕刻细节"。

图 9-4 所示的风光视频, 其提示词为 "有一个巨大的瀑布落入蓝绿色的水域, 两侧绿树成荫"。这种简洁性不仅提高了模型的理解效率, 而且有助于提高视频生成的效率。

图 9-4 风光视频画面效果

9.2 打造影视级视频画面的方法

在编写即梦提示词时，用户需要明确自己的目标和意图，确保所使用的词汇和短语能够清晰地传达给模型，从而充分激发模型的潜力，创作出丰富多样、引人入胜的视频作品。本节将介绍编写思路，以获得最佳的视频效果。

9.2.1 描述主体的细节特征

在使用即梦生成视频时，主体特征提示词扮演者描述视频主角或主要元素的重要角色，它们能够帮助模型理解和创造出符合要求的视频内容。主体特征类型、描述、提示词示例如表 9-1 所示。

表 9-1　主体特征类型、描述、提示词示例

特征类型	特征描述	提示词举例
外貌特征	描述人物的面部特征	眼睛、鼻子、嘴型、脸型
	描述身材和体型	高矮、胖瘦、肌肉发达程度
	描述人物肤色特征	肤色白皙、黝黑、偏黄
	描述发型、发色等外观特征	短发、长发、卷发、金色头发
服装与装饰	描述人物的服装风格	正装、休闲装、运动装
	指定具体的服装款式或颜色	西装、T恤、连衣裙
	提及佩戴的饰品或配件	项链、手表、耳环
动作与姿态	描述人物的动态行为	走路、跑步、跳跃
	提示特定的姿势或动作	站立、坐着、躺着
	描述人物与环境的交互	握手、拥抱、推拉物体
情感与性格	提示人物的情感状态	快乐、悲伤、愤怒
	描述人物的性格特点	勇敢、聪明、善良
身份与角色	明确指出人物的社会身份	企业家、运动员、教师
	描述人物在视频中的特定角色或职责	邻居、勇敢者、英雄

通过灵活运用主体特征提示词，用户可以更加精确地控制 AI 模型生成的视频内容，使其更符合用户的期望和需求。除了上面讲解的人物主体，用户还可以生成以动物为主体的视频，详细描述动物的外貌特征、动作和姿势等，示例效果如图 9-5 所示。

图 9-5　动物视频画面效果

这段 AI 视频使用的提示词如下：

一只白色的小狗，在草地上奔跑。

9.2.2　打造生动的视频场景

在使用即梦生成视频时，场景特征提示词扮演者描述视频场景中环境、背景、氛围等细节的重要角色，这些提示词可以帮助模型营造出更生动、真实的场景氛围。表 9-2 所示为常见的场景特征类型、描述及其提示词示例。

表 9-2　常见的场景特征类型、描述及其提示词举例

特征类型	特征描述	提示词举例
地点描述	使用国家、城市、地区名称	北京的街头、湖南的乡村
	描述具体的建筑或地标	长城之上、埃菲尔铁塔下
	使用自然环境描述	森林中、沙滩上
时间描述	使用具体的时间点	清晨、黄昏
	描述季节或天气	夏日炎炎、冬日雪景
	使用节日或特殊日期	元宵节之夜、新年钟声响起时
氛围描述	描述光线和阴影	柔和的阳光下、斑驳的树影中
	使用颜色或色调营造氛围	温暖的橙色调、冷静的蓝色调
	描述声音或气味	微风轻拂树叶的声音、花香四溢
场景细节	描述建筑物或环境的特征	古老的石板路、现代的摩天大楼
	使用道具或装饰丰富场景	街头的涂鸦艺术、树上的彩灯
	强调人物与环境的交互或位置	人群中的孤独旅人、市场中的热闹摊位

 用户可以根据个人喜好和需求定制场景特征提示词，从而生成个性化的视频内容。

在使用场景特征提示词时，应使用具体、明确的词汇来描述场景，避免使用模糊或含糊不清的词汇。这有助于即梦 AI 更准确地理解并生成符合描述的视频。通过描述环境的细节、道具的摆放、人物的交互行为等，可以丰富场景的内容，有助于即梦 AI 在视频中营造出独特的情感氛围，提高观众的沉浸感和参与感。

此外，用户可以将不同的场景特征提示词组合在一起，创建出更加复杂和丰富的场景描述。例如，用户可以结合地点、时间、氛围和细节等多个方面的描述，构建一个完整的场景画面。图 9-6 所示为即梦 AI 生成的西藏雪域高原的视频，该视频中的提示词成功地结合了地点（西藏雪域高原）、时间（日落时分）、氛围（唯美）和细节（晚霞、光影洒在雪山上）等多个元素，构建了一个完整的场景画面。

图 9-6　西藏雪域高原视频画面效果

这段 AI 视频使用的提示词如下：

在西藏雪域高原上，日落时分呈现出了唯美的晚霞效果，光影洒在雪山上，漂亮极了。

9.2.3　指定合适的艺术风格

在使用即梦生成视频时，艺术风格提示词扮演着指定或影响生成内容艺术风格的重要角色。这些提示词不仅可以显著影响视频的视觉效果，还能塑造出特定的情感氛围，为观众带来独特的视觉体验。表 9-3 所示为常见的艺术风格及其提示词示例，这些提示词可以帮助即梦 AI 捕捉并体现特定的艺术风格、流派或视觉效果。

表 9-3　常见的艺术风格及其提示词示例

风格类型	提示词示例
抽象艺术	抽象表现主义、几何抽象、涂鸦艺术、非具象绘画
古典艺术	巴洛克风格、文艺复兴、古典油画、古代雕塑
现代艺术	印象派、立体主义、超现实主义、极简主义
流行艺术	波普艺术、街头艺术、涂鸦墙、漫画风格
地域风格	中国水墨画、日本浮世绘、印度泰米尔纳德邦绘画、北欧风格
绘画媒介和技巧	水彩画、油画、粉笔画、素描
色彩和调色板	黑白摄影、色彩鲜艳、暗调、冷色调、暖色调
风格和艺术家	毕加索风格、蒙德里安风格、莫奈风格
电影或视觉特效	电影感镜头、复古电影效果、动态模糊、光线追踪
混合风格	数码艺术与传统绘画结合、现实与超现实的融合、古典与现代的碰撞

　　在提示词中可以使用明确、具体的艺术风格名称。例如，如果用户想要生成电影般的画面效果，可以使用"电影感"这样的提示词，示例效果如图 9-7 所示。从图中可以看到，这段提示词设计得非常详细具体，还包含了提示词"冷色调"。

图 9-7　生成电影般的画面效果

这段 AI 视频使用的提示词如下：

　　一只巨大且凶猛的海洋生物从汹涌澎湃的海浪中出现，有着狼一般的头部特征，发光的眼睛，电影感镜头，现场暗潮涌动，天空中充满了旋转的云层，冷色调。

9.2.4 运用恰当的构图技法

在使用即梦生成视频时，画面构图提示词用于指导模型如何组织和安排画面中的元素，以创造出有吸引力和故事性的视觉效果，使生成的视频看起来更加专业，满足不同观众的审美需求。表 9-4 所示为常见的画面构图提示词及其描述。

表 9-4　常见的画面构图提示词及其描述

提示词	提示词描述
横画幅构图	最常见的构图方式，通常用于电视、电影和大部分摄影作品。在这种构图中，画面的宽度大于高度，给人一种宽广、开阔的感觉，适合展现宽广的自然风景、大型活动等场景，也常用于人物肖像拍摄，以展现人物与背景的关系
竖画幅构图	画面的高度大于宽度，给人一种高大、挺拔的感觉，适合展现高楼大厦、树木等垂直元素，也常用于拍摄人物的全身像，以强调人物的高度和身材
方形画幅构图	画面的高度和宽度相等，呈现正方形的形状，给人一种平衡、稳定、稳重、正式的感觉，适合展现对称或中心对称的场景，如建筑、花卉等
对称构图	画面中的元素被安排成左右对称或上下对称，营造出一种平衡和稳定的氛围
前景构图	明确区分前景和背景，使观众能够轻松识别主要的视觉焦点
三分法构图	将画面分为三等分，重要的元素放在线条的交点或线上。这是一种常见的构图技巧，有助于引导观众的视线
引导线构图	使用线条、路径或道路等元素引导观众的视线，使视频画面更具动态感和深度
对角线构图	将主要元素沿对角线放置，以营造一种动感和张力的氛围
深度构图	通过使用不同大小、远近和模糊程度的元素来营造画面的深度感
重复构图	使用重复的元素或图案来营造视觉上的统一和节奏感
平衡构图	确保画面在视觉上是平衡的，避免一侧过于拥挤，另一侧过于空旷
对比构图	通过对比视频画面中元素的大小、颜色以及形状等，突出重要的元素或营造视觉冲击力
框架构图	使用框架或边框来突出或包含重要的元素，增强观众的注意力
动态构图	通过元素的移动、旋转或形状变化来创造动态的视觉效果
焦点构图	将观众的视线引导至画面的特定点上，突出显示该元素的重要性

通过巧妙地使用画面构图提示词，可以帮助即梦 AI 模型确定画面的视觉焦点，引导观众的注意力，增强视频的吸引力，指导即梦 AI 生成主体突出、层次丰富的视频，提升视频的艺术性。

9.2.5 选择画面的视线角度

在使用即梦生成视频时，视线角度会对观众与画面元素进行互动和建立情感联系产生影响。不同的视线角度可以影响观众对画面的感知和理解，因此选择合适的视线角度对于创造吸引人的视频来说至关重要。

表 9-5 所示为常见的视线角度提示词及其描述。

表 9-5　常见的视线角度提示词及其描述

提示词	提示词描述
平视视角	镜头与主要对象的眼睛保持大致相当的高度，模拟人类的自然视线，给人一种客观、真实的感觉
俯视视角	镜头位于主要对象上方，从上往下看，可用于展现主要对象的脆弱或渺小，强调其在环境中的位置
仰视视角	镜头位于主要对象下方，从下往上看，通常会给人一种崇高、庄严或敬畏的感觉
斜视视角	镜头与主要对象的视线呈一定角度，既不是完全正面也不是完全侧面，可以营造一种戏剧性、紧张或神秘的氛围
正面视角	镜头直接面对主要对象，与主要对象的正面保持平行，给人一种直接、坦诚的感觉
背面视角	镜头位于主要对象的背后，展示对象的背部和其所面对的方向，可以营造出一种神秘、悬念或探索的氛围
侧面视角	镜头位于主要对象的侧面，展示对象的侧面轮廓和动作，能够突出对象的侧面特征

例如，图 9-8 所示为即梦生成的视频，其采用了平视视角的展现方式，提示词中提到了"平视拍摄"。在视觉上，平视视角有助于实现画面平衡，因为它既不高也不低，能够平衡地展示场景中的各个元素。虽然平视视角看起来比较普通，但是通过精心的构图和光线处理，也能生成具有艺术感的画面。

图 9-8　采用平视视角生成视频的画面效果

这段 AI 视频使用的提示词如下：

　　高山夕阳风光，蓝天白云，平视拍摄，远景，森林，绿植。

　平视视角适合多种场景，无论是室内场景，还是室外活动，都能提供良好的视觉效果。

9.2.6 强调不同的景别范围

在使用即梦生成视频时，画面景别提示词用来描述和指示视频画面中的主体所呈现的范围大小。常见的画面景别可分为远景、全景、中景、近景和特写 5 种类型，每种类型都有其特定的功能和效果。常见的画面景别提示词及其描述如表 9-6 所示。

表 9-6　常见的画面景别提示词及其描述

提示词	提示词描述
远景	展现广阔的场面，以表现空间环境为主，常用于表现宏大的场景、景观、气势，有抒发情感、渲染气氛的作用，常用于影片或者某个独立的叙事段落的开篇或结尾
全景	展现人物全身或场景的全貌，强调人物与环境的关系，交代场景和人物位置，有助于观众理解场景中的空间关系，适合表现人物的整体动作和姿态
中景	展现场景局部或人物膝盖以上部分的景别，常用于表现人与人、人与物之间的行动、交流，生动地展现人物的姿态动作
近景	展现人物胸部以上部分或物体局部的景别，常用于通过面部表情刻画人物性格，需要与全景、中景、特写景别组合起来使用
特写	展现人物颈脖以上部位或被摄物体的细节，用以细腻表现人物或被拍摄物体的细节特征，通过他们的面部表情、眼神或者其他微妙的肢体语言来传达情感，使观众更加深入地理解角色的内心世界

不同的景别可以突出不同的视觉焦点，帮助观众快速识别视频中的重点。例如，远景能够展示整个场景的背景，为观众提供环境的全面信息，帮助他们了解故事发生的地点，用来强调视频的氛围，如宁静、孤独、自由等。远景可以在叙事中起到过渡或铺垫的作用，为接下来的情节发展提供背景信息，如图 9-9 所示。

图 9-9　采用远景展现方式生成视频的画面效果

这段 AI 视频使用的提示词如下:

　　远景，海边风光，蓝天白云，海浪拍打着沙滩，周围有一些树植。

　　而特写镜头与远景镜头刚好相反，它能够捕捉并放大人物的面部表情，使观众能够更直观地感受人物面部表情的细微之处。通过特写，可以深入展示人物的情感变化，营造紧张或不安的氛围，如图 9-10 所示。

图 9-10　采用特写展现方式生成视频的画面效果

这段 AI 视频使用的提示词如下:

　　一个美丽的女人，皮肤干净、肤色自然，涂着红色的口红，特写肖像，白色背景。

9.2.7　展现视频的色彩色调

　　在使用即梦生成视频时，色彩色调提示词可用于指导模型生成具有特定色彩或色调效果的视频内容。表 9-7 所示为常见的色彩色调提示词及其描述。

表 9-7　常见的色彩色调提示词及其描述

提示词	提示词描述
暖色调	强调温暖、舒适、充满活力的色彩，通常包括红色系、橙色系和黄色系的色调，如温暖的日落、柔和的烛光、秋天的枫叶等
冷色调	传达冷静、清新、平静的感觉，主要由蓝色系、紫色系和绿色系的色调构成，如寒冷的冬夜、深邃的海洋、清新的森林等
鲜艳色彩	色彩鲜明、饱满，具有高对比度和亮度，给人一种生动、活泼的感觉，如鲜艳的热带水果、充满活力的霓虹灯、色彩斑斓的油画等
柔和色彩	色彩柔和、细腻，对比度和亮度较低，营造出宁静、温柔的氛围，如柔和的晚霞、细腻的水彩画、温馨的家居环境等

续表

提示词	提示词描述
复古色调	模仿旧照片或复古艺术作品的色彩效果，通常具有较低的饱和度及对比度，如复古电影镜头、老照片的感觉、怀旧的艺术风格等
黑白或单色	完全或主要以黑白灰为主色调，去除彩色元素，传达简洁、纯粹或经典的感觉，如黑白老电影、素描效果、水墨画风等
对比色彩	使用高对比度的色彩组合，强调色彩之间的对比和冲突，营造强烈的视觉冲击力，如鲜艳的对比色彩、大胆的色彩组合、充满活力的色彩碰撞等
渐变色彩	色彩从一种色调逐渐过渡到另一种色调，营造出流畅、温和的视觉效果，如渐变的日出日落、柔和的色彩过渡、梦幻的色彩流动等

图 9-11 所示为即梦 AI 生成的小猫视频，通过在提示词中添加"色彩柔和"，可以使画面温馨且自然。

图 9-11 展现柔和色彩的视频

这段 AI 视频使用的提示词如下：

一只猫在窗台上走来走去，四处张望，色彩柔和。

9.2.8 影响氛围的环境光线

在使用即梦生成视频时，环境光线是影响场景氛围和视觉效果的重要因素。表 9-8 所示为常见的环境光线提示词及其描述，这些提示词可以指导模型生成具有不同光照效果和氛围的视频内容。

表 9-8　常见的环境光线提示词及其描述

提示词	提示词描述
自然光	模拟自然界中的光源,如日光、月光等,通常呈现出柔和、温暖或冷峻的效果,且根据时间和天气条件不同,有不同的描述,如清晨的柔光、午后的烈日、黄昏的余晖、月光下的静谧等
软光	光线柔和,没有明显的阴影和强烈的对比,给人一种温暖、舒适的感觉,如柔和的室内照明、温馨的烛光、漫射的自然光等
硬光	光线强烈,有明显的阴影和对比度,可以营造出强烈的视觉冲击力,如强烈的阳光直射、刺眼的聚光灯、硬朗的阴影效果等
逆光	光源位于主体背后,产生强烈的轮廓光和背光效果,使主体与背景分离,如夕阳下的逆光剪影、背光下的轮廓突出等
侧光	光源从主体侧面照射,产生强烈的侧面阴影和立体感,如侧光下的雕塑感、侧面阴影的戏剧效果、侧光照亮的细节展现等
环境光	用于照亮整个场景的基础光源,提供均匀而柔和的照明,营造出整体的光照氛围,如均匀的环境照明、柔和的环境光晕等
霓虹灯光	光线的色彩鲜艳且闪烁不定,为视频营造出一种繁华而充满活力的氛围,如都市霓虹、梦幻霓虹等
点光源	模拟点状光源,如灯泡、烛光等,产生集中而强烈的光斑和阴影,如温馨的烛光照明、聚光灯下的戏剧效果、点光源营造的神秘氛围等
区域光	模拟特定区域或物体的光源,为场景提供局部照明,如窗户透过的柔和光线、台灯下的阅读氛围、区域光照亮的重点突出等
暗调照明	整体场景较为昏暗,强调阴影和暗部的细节,营造出神秘、紧张或忧郁的氛围,如暗调下的神秘氛围、阴影中的细节探索、昏暗环境中的情绪表达等
高调照明	整体场景明亮,强调亮部和高光部分,营造出清新、明亮或梦幻的氛围,如高调照明下的清新氛围、明亮的场景展现、高光突出的细节强调等

图 9-12 所示为即梦 AI 生成的夕阳风光视频,通过在提示词中添加"夕阳风光"和"逆光",可以使视频画面产生夕阳下逆光的效果,让对象产生剪影,显示出轮廓的边缘,增强明暗对比。

图 9-12　夕阳风光视频画面效果

这段 AI 视频使用的提示词如下：

> 岛屿夕阳风光，橙色色调，逆光，蓝天白云，海浪拍打着沙滩，周围有一些岩石。

逆光下的视频具有较强的视觉冲击力，因为光线的强烈对比和特殊效果，可以增强场景的深度感，通过光线的穿透和散射，使背景和前景之间产生空间感。

9.2.9 设置视频的镜头参数

在使用即梦生成视频时，镜头参数提示词可以指导模型调整镜头的焦距、运动、景深等属性。表 9-9 所示为常见的镜头参数提示词及其描述。

表 9-9 常见的镜头参数提示词及其描述

提示词	提示词描述
镜头类型	指定摄像机的镜头类型，如广角镜头、长焦镜头、鱼眼镜头等。例如，使用广角镜头捕捉宽阔的场景；使用长焦镜头聚焦特定细节
焦距	调整镜头的焦距以控制画面的清晰度和视角大小。例如，拉近焦距以突出主体；推远焦距以获得更宽广的视野
镜头运动	模拟摄像机的运动轨迹，如推拉运镜、跟随运镜、旋转运镜、升降运镜等。例如，跟随运镜以追踪移动的主体；旋转运镜以展示对象全景；推拉运镜以突出或远离画面细节
镜头速度	控制镜头运动的移动速度，包括推拉、旋转和跟随的速度。例如，快速移动镜头以营造紧张感；缓慢移动镜头以营造宁静的氛围
镜头抖动	模拟摄像机的抖动效果，增加画面的动态感和真实感。例如，在特定场景中加入轻微的镜头抖动，以模拟手持摄像机拍摄的效果
景深	控制场景中前后景的清晰程度，模拟摄影中的景深效果。例如，增加景深以展示前后景的清晰细节；减少景深以突出主体并模糊背景
镜头稳定	保持镜头的稳定性，减少不必要的晃动和抖动。例如，使用镜头稳定功能来平滑摄像机的运动，保持画面的清晰和稳定

这些镜头参数提示词可以指导模型生成具有不同视觉效果的视频。通过合理地组合和调整这些参数，用户可以创造出丰富多样的镜头运动和视觉效果，使生成的视频更具吸引力和表现力。

第10章 模板：
使用"做同款"快速出片

在即梦平台的"探索"页面，用户可以浏览其他创作者的
作品，从中找到自己喜欢的风格或类型，通过"做同款"功
能，可以制作类似的图片或视频。这是一个学习和实践新技巧
的好方法，用户可以通过模仿来进行图片或视频创作，并逐步
发展自己的风格。本章主要介绍使用"做同款"功能快速出片
的操作方法。

10.1 使用 "做同款" 功能生成图片作品

在即梦平台上，"做同款" 功能简化了图片创作的流程，特别对于那些希望模仿特定风格但缺乏专业技能的用户来说，该功能可以帮助用户探索不同的图片创作可能性，如卡通类、风光类、人像类、动物类以及产品类等。本节主要介绍使用 "做同款" 功能来生成图片作品的操作方法。

10.1.1 生成卡通类 AI 图片

在即梦平台上，"做同款" 功能允许用户基于现有的卡通类作品生成具有相似风格或主题的 AI 图片，效果如图 10-1 所示。

图 10-1 效果

下面介绍生成卡通类 AI 图片的操作方法。

步骤 01 在即梦首页的左侧选择 "探索" 选项，如图 10-2 所示。

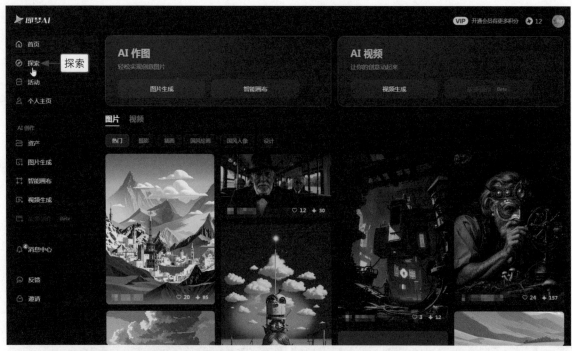

图 10-2　选择"探索"选项

步骤 02 切换至"探索"页面，在"图片"选项卡中选择相应的卡通类 AI 作品，单击"做同款"按
钮，如图 10-3 所示。

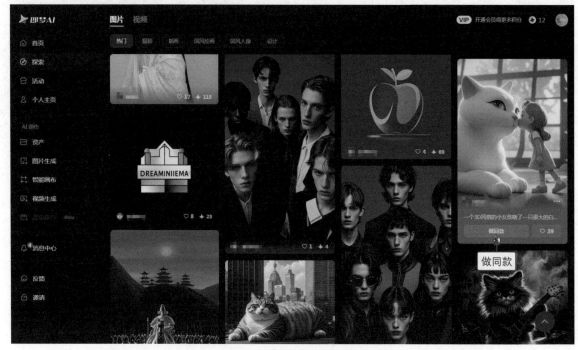

图 10-3　单击"做同款"按钮

步骤 03 在页面的右侧会弹出"图片生成"面板，其中显示了该作品所需的提示词描述，单击"立
即生成"按钮，如图 10-4 所示。

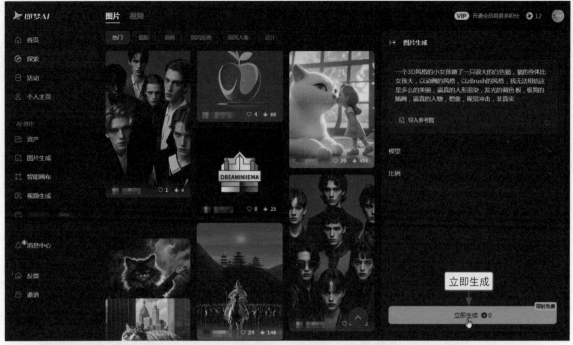

图 10-4　单击 "立即生成" 按钮

用户通过 "做同款" 功能生成 AI 卡通图片时，在右侧的 "图片生成" 面板中可以展开 "模型" 和 "比例" 选项区，以修改 AI 图片的生成模型与图片比例。

步骤 04 执行操作后，进入 "图片生成" 页面，AI 开始解析文本描述内容并将其转化为视觉元素，稍等片刻，即可显示生成的 AI 卡通作品，如图 10-5 所示。

图 10-5　生成的 AI 卡通作品

10.1.2　生成风光类 AI 图片

用户在即梦平台上浏览风光类作品时，可以选择自己喜欢的风光作品，用"做同款"功能生成类似的 AI 图片，效果如图 10-6 所示。

图 10-6　效果

下面介绍生成风光类 AI 图片的操作方法。

步骤 01　在即梦首页的左侧选择"探索"选项，切换至"探索"页面，在"图片"选项卡中选择"摄影"选项，如图 10-7 所示。

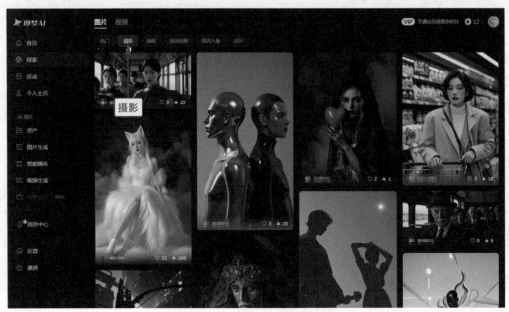

图 10-7　选择"摄影"选项

步骤 02 选择相应的风光类 AI 作品，单击 "做同款" 按钮，如图 10-8 所示。

图 10-8　单击 "做同款" 按钮

步骤 03 在页面的右侧会弹出 "图片生成" 面板，其中显示了该风光作品所需的提示词描述，展开 "模型" 选项区，设置 "精细度" 参数为 39，提高图片生成的细节，如图 10-9 所示。

图 10-9　设置 "精细度" 参数

步骤 04 单击 "立即生成" 按钮，进入 "图片生成" 页面，AI 开始解析文本描述内容并将其转化为 视觉元素，稍等片刻，即可显示生成的 AI 风光作品，如图 10-10 所示。

图 10-10　生成的 AI 风光作品

10.1.3　生成人像类 AI 图片

"做同款"功能简化了人像图片的创作流程，降低了技术门槛。它使得用户即使不具备专业绘画或摄影技能，也能创作出美丽的人像图像，效果如图 10-11 所示。

图 10-11　效果

下面介绍生成人像类 AI 图片的操作方法。

步骤 01 切换至"探索"页面，在"图片"选项卡中选择"摄影"选项，在其中选择相应的人像类 AI 作品，单击"做同款"按钮，如图 10-12 所示。

图 10-12　单击"做同款"按钮

步骤 02 在页面的右侧会弹出"图片生成"面板，其中显示了该人像作品所需的提示词描述，单击 "立即生成"按钮，进入"图片生成"页面，AI 开始解析文本描述内容并将其转化为视觉 元素，稍等片刻，即可显示生成的 AI 人像作品，如图 10-13 所示。

图 10-13　生成的 AI 人像作品

在生成 AI 人像作品时，用户可以在已有提示词的基础上添加新的内容描述，使生成的人像效果更加符合用户的需求，如人物的姿态、服装风格、背景元素等。

10.1.4 生成动物类 AI 图片

生成动物类 AI 图片时，尽管是基于同款作品进行创作，用户仍然可以发挥自己的创意，创作出生动的动物类 AI 图片，效果如图 10-14 所示。

图 10-14 效果展示

下面介绍生成动物类 AI 图片的操作方法。

步骤 01 切换至"探索"页面，在"图片"选项卡中选择"摄影"选项，在其中选择相应的动物类 AI 作品，单击"做同款"按钮，如图 10-15 所示。

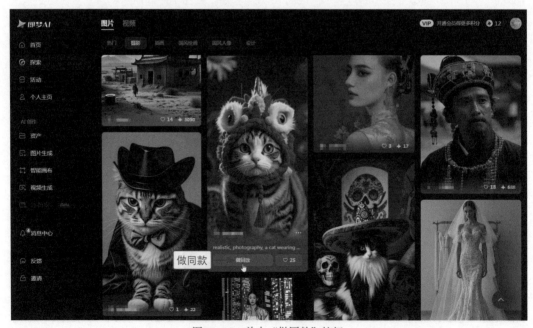

图 10-15 单击"做同款"按钮

在选择动物类 AI 作品后，单击"做同款"右侧的按钮♡，可以对该 AI 作品进行收藏，方便以后调用。

步骤 02 在页面的右侧会弹出"图片生成"面板，其中显示了该动物作品所需的提示词描述，这里的提示词是英文（即梦支持中文和英文提示词）。展开"模型"选项区，设置"精细度"参数为 40，提高图片生成的细节；展开"比例"选项区，选择 1∶1 选项，将生成的 AI 图片设置为正方形，如图 10-16 所示。

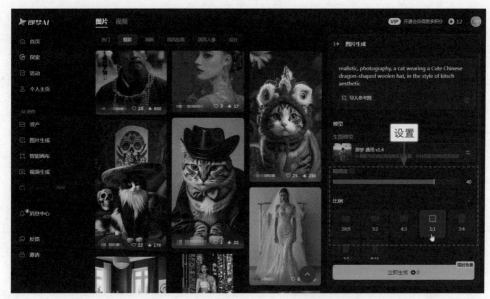

图 10-16　设置图片"精细度"参数和"比例"

步骤 03 单击"立即生成"按钮，进入"图片生成"页面，AI 开始解析文本描述内容并将其转化为视觉元素，稍等片刻，即可显示生成的 AI 动物作品，如图 10-17 所示。

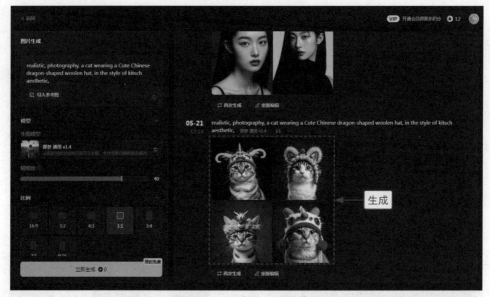

图 10-17　生成的 AI 动物作品

　　即梦 AI 模型基于深度学习算法，能够理解和生成复杂且逼真的动物图片。即梦提供了直观易用的用户界面，可以帮助用户轻松得使用"做同款"功能。AI 作品生成后，用户既可以预览 AI 生成的动物图片，并进行微调，也可以多次单击"再次生成"按钮，生成多组 AI 图片，从中选择最满意的 AI 图片。

10.1.5　生成产品类 AI 图片

在即梦平台上，"做同款"功能可以帮助用户创作出与选定产品图片风格相似的图片，此功能适用于产品展示、广告设计、电子商务等领域。当用户在平台上浏览产品类 AI 图片时，可以选择他们希望模仿的产品图片作为参考，生成类似的产品图片，效果如图 10-18 所示。

图 10-18　效果

下面介绍生成产品类 AI 图片的操作方法。

步骤 01　切换至"探索"页面，在"图片"选项卡中选择"摄影"选项，在其中选择相应的产品作品，单击"做同款"按钮，如图 10-19 所示。

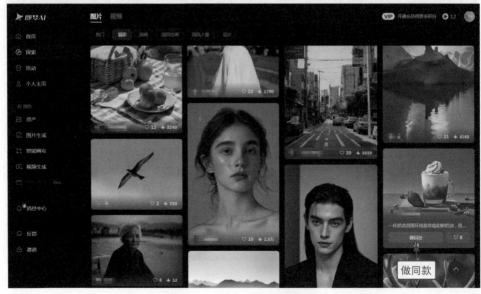

图 10-19　单击"做同款"按钮

步骤 02　在页面的右侧会弹出"图片生成"面板，其中显示了该产品所需的提示词描述。展开"模型"选项区，设置"精细度"参数为 40，提高图片生成的细节；展开"比例"选项区，选择 3∶4 选项，将生成的 AI 图片设置为 3∶4 尺寸，如图 10-20 所示。

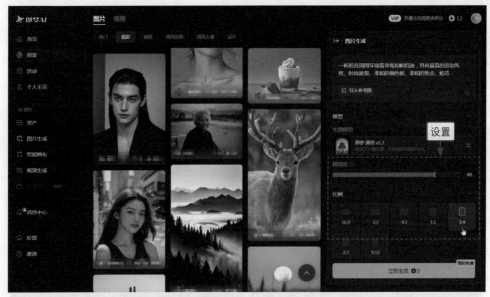

图 10-20　设置图片"精细度"参数和"比例"

步骤 03　单击"立即生成"按钮，进入"图片生成"页面，AI 开始解析文本描述内容并将其转化为视觉元素，稍等片刻，即可显示生成的 AI 产品图片，如图 10-21 所示。

图 10-21　生成的 AI 产品图片

10.2 使用"做同款"功能生成视频作品

　　"做同款"功能不仅鼓励了社区互动，还让用户可以基于社区中流行的视频作品进行创作和分享。"做同款"功能降低了视频创作的技术门槛，使得更多用户能够轻松参与并分享创作的乐趣。本节主要介绍使用"做同款"功能生成视频作品的操作方法。

10.2.1 生成可爱的金鱼视频

金鱼因其色彩鲜艳、形态优雅而深受人们的喜爱，通过视频，我们可以展示金鱼的生活习性，进一步增进人们对金鱼多样性的认识。在即梦平台上，用户可以使用"做同款"功能生成可爱金鱼的视频，效果如图 10-22 所示。

图 10-22 效果

下面介绍生成可爱的金鱼视频的操作方法。

步骤 01 在即梦首页的左侧选择"探索"选项，切换至"探索"页面，在"视频"选项卡中选择其他用户发布的金鱼类视频，单击"做同款"按钮，如图 10-23 所示。

图 10-23 单击"做同款"按钮

商家可以利用金鱼视频展示他们的产品，吸引潜在买家，促进销售。

步骤 02 在页面的右侧会弹出"视频生成"面板，显示了这段视频所需的参考图，各选项为默认设置，单击"生成视频"按钮，如图 10-24 所示。

图 10-24 单击"生成视频"按钮

步骤 03 执行操作后，AI 开始解析图片内容并生成动态效果。待视频生成完成后，显示视频的画面效果，如图 10-25 所示。将鼠标指针移至视频画面上，即可自动播放 AI 视频。

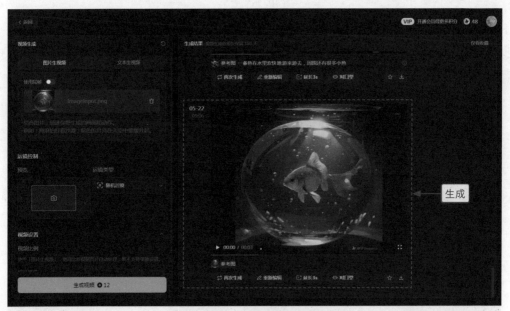

图 10-25 显示视频的画面效果

在即梦平台上，生成的视频下方有"对口型"功能。该功能允许用户将预先录制的音频与视频中的角色或人物的口型进行精准同步，常用于制作音乐视频、模仿秀、搞笑视频等。用户可以上传一个音频文件，软件会智能分析并尝试让视频中的人物或角色的口型与音频完美匹配。"对口型"功能需要用户开通即梦会员才可以使用。

10.2.2 生成旅游风光视频

旅游风光视频可以展示特定旅游目的地的自然美景、文化特色和旅游资源，能够吸引潜在游客的兴趣，促进旅游业的发展。在即梦平台上，使用"做同款"功能可以快速生成旅游风光视频，效果如图 10-26 所示。

图 10-26　效果

下面介绍生成旅游风光视频的操作方法。

步骤 01 在即梦首页的左侧选择"探索"选项，切换至"探索"页面，在"视频"选项卡中选择其他用户发布的旅游风光视频，单击"做同款"按钮，如图 10-27 所示。

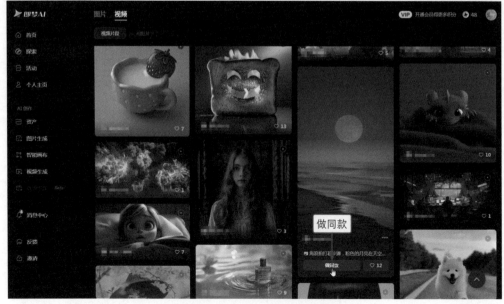

图 10-27　单击"做同款"按钮

步骤 02 在页面的右侧会弹出"视频生成"面板，显示了这段视频所需的图片或提示词描述，各选项为默认设置。单击"生成视频"按钮，AI 开始解析图片内容与提示词描述并生成动态效果。待视频生成完成后，显示视频的画面效果，如图 10-28 所示。将鼠标指针移至视频画面上，即可自动播放 AI 视频。

图 10-28　显示视频的画面效果

10.2.3　生成电影片段视频

电影片段可以作为电影或其他媒体内容的预告片或宣传材料，能够吸引观众的兴趣。在即梦平台上，使用"做同款"功能可以快速生成电影片段视频，效果如图 10-29 所示。

图 10-29　效果

下面介绍生成电影片段视频的操作方法。

步骤 01 在即梦首页的左侧选择"探索"选项，切换至"探索"页面，在"视频"选项卡中选择其他用户发布的电影特效类视频，单击"做同款"按钮，如图 10-30 所示。

图 10-30 单击"做同款"按钮

步骤 02 在页面右侧弹出"视频生成"面板，显示了这段视频所需的图片和提示词描述，各选项为默认设置。单击"生成视频"按钮，AI 开始解析图片内容与提示词描述并生成动态效果。待视频生成完成后，显示视频的画面效果，如图 10-31 所示。将鼠标指针移至视频画面上，即可自动播放 AI 视频。

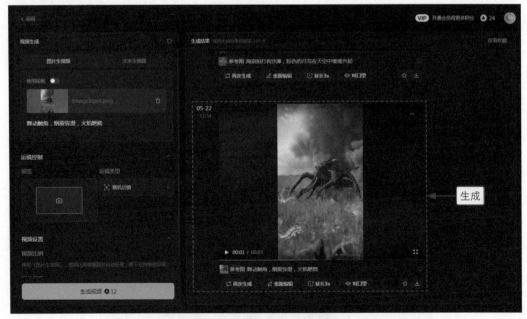

图 10-31 显示视频的画面效果

第11章 案例：
图片生成与视频制作

AI 绘画既可以为艺术家提供创作灵感，也可以应用于风光
摄影、人像摄影、国风插画、动物摄影、美食广告、产品广告
等领域，从而提高效率和降低成本，拓展艺术创作的可能性。
本章通过案例的形式详细介绍图片生成与视频制作的方法。

11.1 AI图片生成案例应用

AI 绘画是一种具有高度艺术性和技术性的创意活动。其中，风光、人像和国风插画是热门的主题，使用这些主题生成的 AI 图片不仅可以展现瞬间之美，而且体现了用户对生活、自然和世界的独特见解与审美体验。此外，即梦还可以帮助设计师快速生成创意包装设计，提供灵感和新的设计方向。本节通过 4 个案例，详细介绍 AI 图片的生成方法。

11.1.1 案例 1：山水风光

山水风光是摄影艺术中旨在捕捉自然之美的经典主题。在进行 AI 绘画时，用户需要通过构图、光影、色彩等提示词，引导 AI 生成自然景色的图片。这些图片不仅展现了大自然的魅力和神奇之处，还能将用户想象中的风景变成风光摄影大片，效果如图 11-1 所示。

图 11-1　效果

下面介绍生成山水风光图片的操作方法。

步骤 01 打开即梦官方网站，在"AI 作图"选项区中单击"图片生成"按钮，进入"图片生成"页面，在输入框中输入 AI 绘画的提示词，对山水风光的细节进行详细描述，包括主体、光效、场景、背景、色彩、分辨率等，如图 11-2 所示。

步骤 02 展开"比例"选项区，选择 3 : 2 选项，这种比例有足够的空间来安排主体和背景，使构图更加灵活，如图 11-3 所示。

图 11-2　输入 AI 绘画的提示词

图 11-3　选择 3 : 2 选项

步骤 03 单击"立即生成"按钮，即可生成 4 张 3 : 2 尺寸的山水风光图片，如图 11-4 所示。

图 11-4　生成 4 张 3 : 2 尺寸的山水风光图片

步骤 04 在第 3 张 AI 图片上单击"超清图"按钮，即可生成一张超清晰的 AI 图片，图片左上角显示"超清图"字样，增加了图片的分辨率，提高了图片的质量，效果如图 11-5 所示。

图 11-5　生成一张超清晰的 AI 图片

11.1.2　案例 2：人像摄影

在所有的摄影题材中，人像拍摄占据了非常大的比例，因此，如何运用 AI 生成人像图片是很多初学者迫切希望掌握的技能。多学、多看、多练、多积累关键词，这些都是用 AI 创作优质人像摄影作品的必经之路。

生活人像是一种以真实生活场景为背景的人像摄影形式，它追求自然、真实和情感的表达，强调捕捉生活中的细微瞬间，让观众感受到真实而独特的人物故事。

在使用即梦生成生活人像图片时，既需要加入一些人物细节的提示词，如人物的妆容、皮肤、发型、服装以及情绪等，也需要强调画面的色彩、构图以及氛围，使生成的人物图片更真实，更有质感，效果如图 11-6 所示。

图 11-6　效果

下面介绍生成人像摄影图片的操作方法。

步骤 01　进入"图片生成"页面，在输入框中输入 AI 绘画的提示词，对人像的细节进行详细描述，如妆容、皮肤、发型、服装等，对镜头和场景也要进行相关描述并添加电影光和女主氛围感；在"比例"选项区中，选择 3∶4 选项，如图 11-7 所示。

步骤 02　单击"立即生成"按钮，即可生成 4 张 3∶4 尺寸的人像图片，如图 11-8 所示。

步骤 03　如果用户对生成的人像图片不满意，可以单击下方的"重新编辑"按钮，继续在文本框中输入相应的质感类提示词，如"真实的图片，斜侧角度视图，最佳画质，高细节"，使生成的人像图片具有最佳画质和高细节，如图 11-9 所示。

步骤 04　单击"立即生成"按钮，重新生成 4 张 AI 人像图片，重新生成的 AI 人像图片光线更好，细节更清晰，更有质感，效果如图 11-10 所示。

步骤 05　在第 1 张 AI 图片上单击"超清图"按钮，即可生成一张超清晰的 AI 人像图片，图片的左上角显示"超清图"字样，增加了图片的分辨率，提高了图片的质量，效果如图 11-11 所示。单击图片的"下载"按钮 ，可以下载图片。

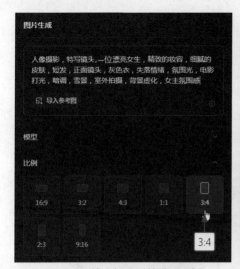

图 11-7　输入提示词并设置比例　　　　　图 11-8　生成 4 张 3 : 4 尺寸的人像图片

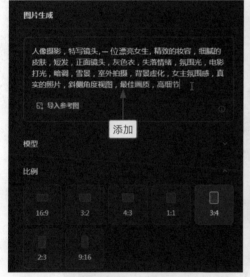

图 11-9　输入相应的质感类提示词　　　　图 11-10　重新生成 4 张 AI 人像图片

图 11-11　生成一张超清晰的 AI 人像图片

11.1.3　案例 3：国风插画

国风插画，也被称为中国风插画，是一种融合了中国传统文化元素和现代绘画技巧的艺术形式。它通常以中国的历史、神话、民间故事、自然景观、传统建筑和服饰等为创作灵感，创作出具有浓厚东方美学特色的视觉作品。在使用即梦生成国风插画时，需要输入详细的提示词，包括建筑类型、场景、人物、服饰、色彩、艺术风格等，这有助于即梦更具体地理解用户的创作意图，效果如图 11-12 所示。

图 11-12　效果

下面介绍生成国风插画的操作方法。

步骤 01　进入"图片生成"页面，在输入框中输入 AI 绘画的提示词，对国风插画的细节进行详细描述，如建筑风格、场景、环境、时间、光照、视野等。单击"立即生成"按钮，即可生成 4 张相应的 AI 图片，如图 11-13 所示。

图 11-13　生成 4 张相应的 AI 图片

步骤 02 如果希望生成的国风插画更唯美，可以在输入框中输入一些有关画面色彩、色调、艺术风格的提示词，使生成的国风插画更具吸引力，如图 11-14 所示。

步骤 03 在"模型"选项区中，拖曳"精细度"下方的滑块，设置"精细度"参数为 50，使生成的 AI 图片具有更多的细节和更逼真的效果。在"比例"选项区中，选择 3：4 选项，设置 AI 图片的生成比例，如图 11-15 所示。

图 11-14　输入相关提示词

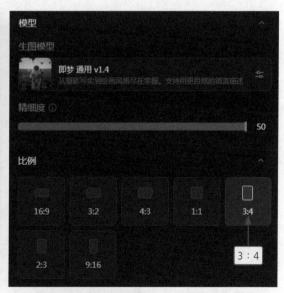

图 11-15　设置图片"精细度"参数和"比例"

步骤 04 单击"立即生成"按钮，即可重新生成 4 张相应的国风插画图片，此时生成的图片效果更唯美、更具浪漫色彩，如图 11-16 所示。需要注意的是，在提示词中使用能够代表国风特色的提示词，如"汉服""水墨画""中国风""古典建筑"等，也能生成具有国风特色的 AI 图片。

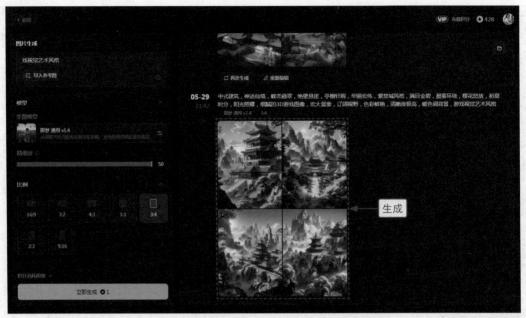

图 11-16　重新生成 4 张相应的国风插画图片

11.1.4　案例 4：产品包装

AI 在产品包装领域的应用不仅有助于加速设计流程，提高设计的创新性和效率，还可以展示产品的外观、特征和细节，吸引潜在客户，促使他们购买这些产品。即梦能够生成多种不同类型的产品包装效果，提供吸引人的包装设计，效果如图 11-17 所示。

图 11-17　效果

下面介绍生成产品包装图片的操作方法。

步骤 01 进入"图片生成"页面，单击"导入参考图"按钮，如图 11-18 所示。

步骤 02 执行操作后，弹出"打开"对话框，选择需要上传的参考图片，如图 11-19 所示。

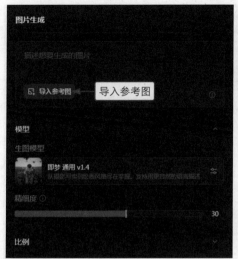

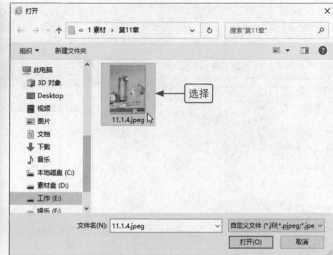

图 11-18　单击"导入参考图"按钮　　　　　图 11-19　选择需要上传的参考图片

步骤 03 单击"打开"按钮，弹出"参考图"对话框，选中"边缘轮廓"单选按钮，如图 11-20 所示，此时 AI 会自动识别参考图片中的边缘轮廓。

步骤 04 单击"保存"按钮，返回"图片生成"页面，输入框中显示已上传的参考图。输入相应的提示词，对产品包装的细节和场景进行详细描述，指导 AI 生成理想的产品包装图片。在"比例"选项区中选择 3∶4 选项，设置图片生成比例，如图 11-21 所示。

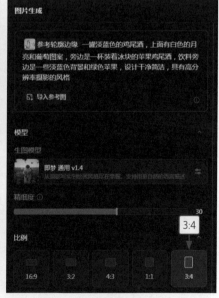

图 11-20　选中"边缘轮廓"单选按钮　　　　　图 11-21　输入提示词和设置图片生成比例

步骤 05 单击"立即生成"按钮，即可生成 4 张 3 : 4 尺寸的产品包装图片，显示在右侧窗格中，如图 11-22 所示。如果用户对生成的产品图片满意，那么可以下载相应图片，然后在 Photoshop 中对 AI 图片进行后期处理，加上标识文字，使效果更加符合要求。

图 11-22 生成 4 张 3 : 4 尺寸的产品包装图片

11.2 AI视频制作案例应用

即梦作为 AI 视频生成平台，能够生成多种类型的视频内容，适应不同的应用场景和用户需求。本节主要介绍使用即梦生成动物视频、美食视频、鲜果视频以及产品广告视频的操作方法，以帮助用户快速获得想要的视频效果。

11.2.1 案例 1：动物视频

即梦可以生成各种可爱的动物类视频，无论是小巧的动物还是体型庞大的动物，都能通过展示它们的生活习性、行为特点和生存技巧，用于教育和启发观众，帮助观众更加了解和关注动物世界。此外，动物视频很有乐趣，能够为观众带来欢乐，缓解压力和疲劳。图 11-23 所示为即梦生成的小猫的视频画面效果。

图 11-23 效果

下面介绍生成动物视频的操作方法。

步骤 01 打开即梦官方网站，在"AI 视频"选项区中单击"视频生成"按钮，进入"视频生成"页面，选择"文本生视频"选项卡，在文本框中输入相应的视频描述内容。在"视频设置"选项区中选择 16 : 9 选项，生成 16 : 9 的视频尺寸，如图 11-24 所示。

图 11-24 选择 16 : 9 选项

步骤 02 视频比例设置完成后，单击"立即生成"按钮，AI 开始解析视频描述内容并将其转化为视觉元素，页面显示视频生成进度，如图 11-25 所示。

步骤 03 稍等片刻，待视频生成完成后，显示视频的画面效果，如图 11-26 所示。将鼠标指针移至视频画面上，即可自动播放生成的动物视频。

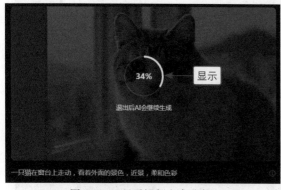 

图 11-25 显示视频生成进度　　　　　　　　　图 11-26 显示视频的画面效果

步骤 04 如果用户对生成的动物视频不满意，可以单击视频下方的"再次生成"按钮，如图 11-27 所示。

步骤 05 执行操作后，即可再次生成相应的动物视频。将鼠标指针移至视频画面上，即可自动播放动物视频，如图 11-28 所示。

图 11-27 单击"再次生成"按钮　　　　　　　　图 11-28 重新生成的动物视频

由于人的手指、面部表情以及动物的脚部等细节具有高度的复杂性和多样性，即梦 AI 模型可能无法完美平衡这些复杂的因素，导致生成的视频出现逻辑错误或动作不一致的现象。此时，用户可以多尝试几次，直到生成满意的视频作品。

11.2.2 案例 2：美食视频

美食视频既可以吸引大量观众，尤其是美食爱好者，增加观看率和参与度，又可以展示食物的制作过程、细节和最终成品。视频比图片更加生动和直观，与传统的美食视频制作相比，生成 AI 美食视频可以节省人力和时间成本，效果如图 11-29 所示。

图 11-29　效果

下面介绍生成美食视频的操作方法。

步骤 01 进入"视频生成"页面，选择"文本生视频"选项卡，在文本框中输入美食视频的提示词，如图 11-30 所示。

步骤 02 在"视频设置"选项区中选择 1:1 选项，生成 1:1 尺寸的视频，如图 11-31 所示。

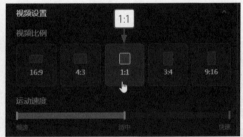

图 11-30　输入相应的提示词　　　　　　图 11-31　选择 1:1 选项

步骤 03 单击"生成视频"按钮，AI 开始解析视频描述内容并将其转化为视觉元素，页面显示视频生成进度，如图 11-32 所示。

步骤 04 稍等片刻，即可生成相应的美食视频，如图 11-33 所示。从视频效果可以看出，画面中的人物手指有点乱，而且视频的整体效果不太美观。

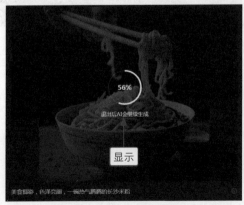

图 11-32　显示视频生成进度　　　　　　图 11-33　生成相应的美食视频

步骤 05 在"文本生视频"选项卡中输入相应的提示词，丰富视频内容，如图 11-34 所示。

步骤 06 单击"生成视频"按钮，重新生成一段美食视频，这次生成的视频比之前生成的视频更美观和专业，如图 11-35 所示。

图 11-34　输入相应的提示词

图 11-35　重新生成一段美食视频

步骤 07 单击视频下方的"延长 3s"按钮，即可重新生成 6s 的美食视频，如图 11-36 所示。

步骤 08 单击视频右下角的"下载"按钮⤓，如图 11-37 所示，下载视频。

图 11-36　单击"延长 3s"按钮

图 11-37　单击"下载"按钮

11.2.3　案例 3：鲜果视频

鲜果类视频可以展示鲜果的新鲜度和美味，激发观众的食欲，迅速吸引观众的注意力。如果展示的鲜果是某个品牌的产品，那么该视频可以作为品牌宣传的一部分，提升品牌的知名度，效果如图 11-38 所示。

图 11-38　效果

下面介绍生成鲜果视频的操作方法。

步骤 01 进入"视频生成"页面，单击"上传图片"按钮，如图 11-39 所示。

步骤 02 弹出"打开"对话框，选择一张图片，如图 11-40 所示。

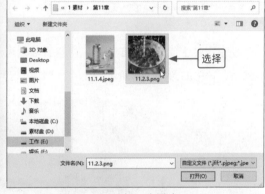

图 11-39　单击"上传图片"按钮　　　　图 11-40　选择一张图片

步骤 03 单击"打开"按钮，即可将图片上传至"视频生成"页面，如图 11-41 所示。

步骤 04 输入相应的视频提示词，如图 11-42 所示，引导 AI 模型生成想要的视频。

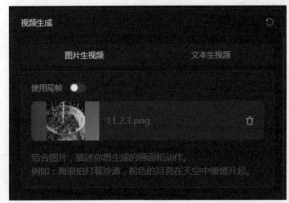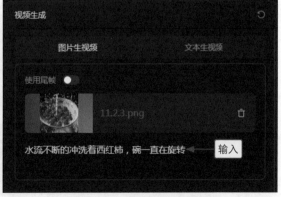

图 11-41　上传图片　　　　图 11-42　输入相应的视频提示词

步骤 05 单击"生成视频"按钮,即可生成相应的鲜果视频,效果如图 11-43 所示。

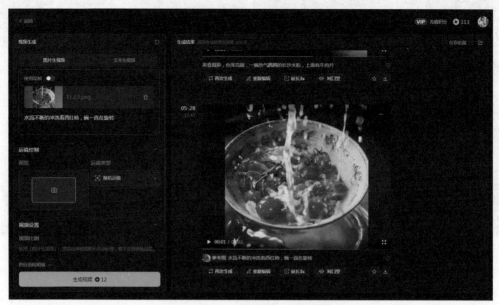

图 11-43 生成相应的鲜果视频

11.2.4 案例 4:产品广告视频

使用即梦生成产品广告视频,可以直观地展示产品的外观、包装和使用效果,帮助消费者更好地了解产品,效果如图 11-44 所示。

图 11-44 效果

步骤 01　进入"视频生成"页面，单击"上传图片"按钮，如图 11-45 所示。

步骤 02　弹出"打开"对话框，选择一张图片，如图 11-46 所示。

图 11-45　单击"上传图片"按钮　　　　　　　　图 11-46　选择一张图片

步骤 03　单击"打开"按钮，即可将图片上传至"视频生成"页面，如图 11-47 所示。

步骤 04　输入相应的视频提示词，如图 11-48 所示，引导 AI 模型生成想要的视频。

图 11-47　上传图片　　　　　　　　　　　图 11-48　输入相应的视频提示词

步骤 05　单击"生成视频"按钮，即可生成相应的产品广告视频，效果如图 11-49 所示。

图 11-49　生成相应的产品广告视频